U0275839

A+U

A+U 高等学校建筑学与城乡规划专业教材

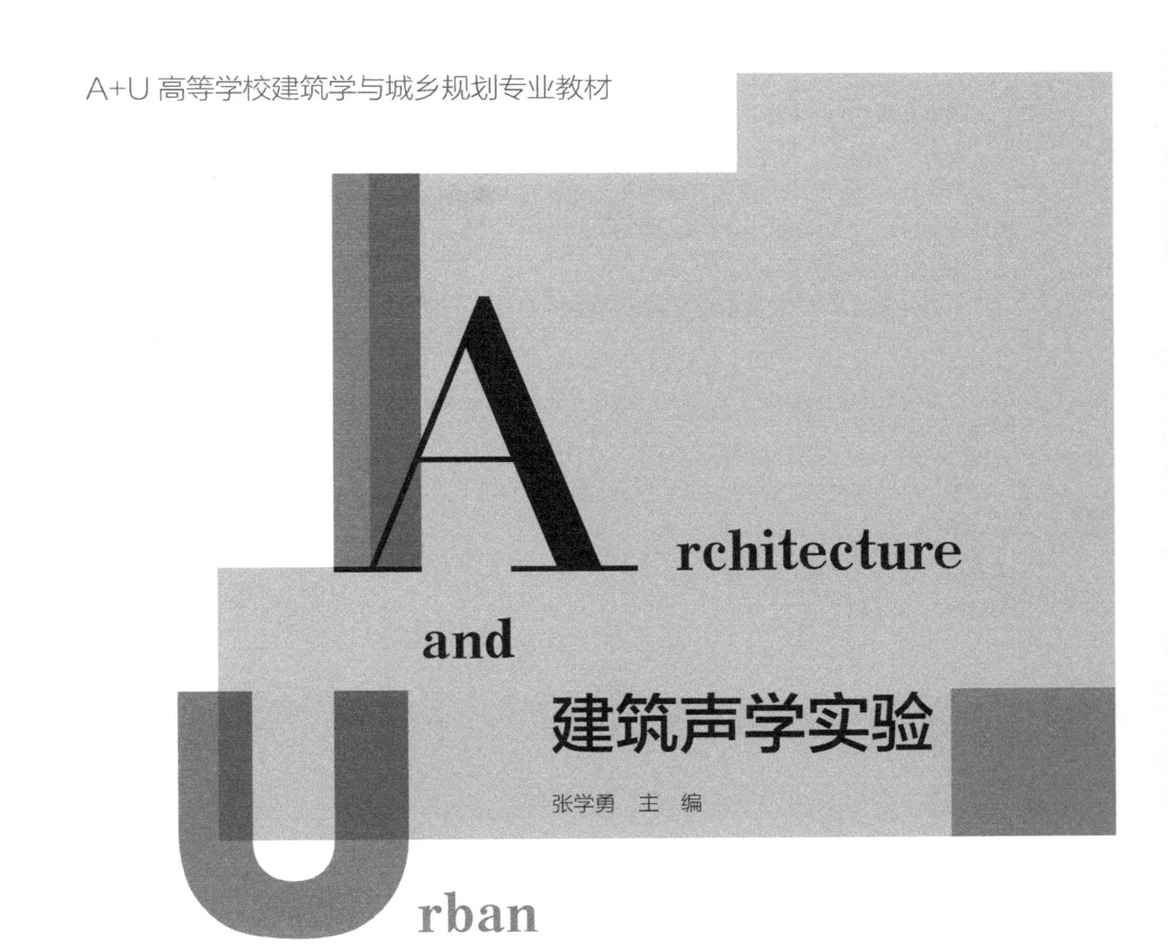

建筑声学实验

张学勇 主 编

中国建筑工业出版社

图书在版编目（CIP）数据

建筑声学实验 / 张学勇主编. -- 北京：中国建筑工业出版社，2024. 9. --（A+U高等学校建筑学与城乡规划专业教材）. -- ISBN 978-7-112-30154-6

Ⅰ. TU112.4-33

中国国家版本馆CIP数据核字第2024BM5955号

为了更好地支持相应课程的教学，我们向采用本书作为教材的教师提供数字资源，有需要者可与出版社联系。

建工书院：https://edu.cabplink.com

邮箱：jckj@cabp.com.cn　电话：（010）58337285

责任编辑：柏铭泽　司　汉　陈　桦
责任校对：张　颖

A+U高等学校建筑学与城乡规划专业教材
建筑声学实验
张学勇　主编
*
中国建筑工业出版社出版、发行（北京海淀三里河路9号）
各地新华书店、建筑书店经销
北京建筑工业印刷有限公司制版
建工社（河北）印刷有限公司印刷
*
开本：787毫米×1092毫米　1/16　印张：8¾　字数：205千字
2025年3月第一版　2025年3月第一次印刷
定价：**39.00** 元（赠教师数字资源）
ISBN 978-7-112-30154-6
（43493）

如有内容及印装质量问题，请与本社读者服务中心联系
电话：（010）58337283　QQ：2885381756
（地址：北京海淀三里河路9号中国建筑工业出版社604室　邮政编码：100037）

本书编委会

主　编

张学勇

副主编

胡园园　王　影　戴梦超

主　审

张大明

序 Preface

声学是物理学中最早深入研究，也是当前仍然极为活跃的分支学科之一。声学既古老又年轻，尤其是近代，声学与众多理学、工学学科及艺术领域交叉融合，进一步发展了相应的理论和技术，已形成众多独立的声学分支，在国民经济建设与社会生活中发挥了重要而又独特的作用。

建筑声学是声学重要分支之一。我曾对我国建筑声学早中期（1926—1986）发展源流与脉络作出过梳理。中国建筑声学研究可追溯至1926年，经过近100年的发展，在基础理论研究、关键技术攻关、工程实践应用，以及人才培养等方面均取得长足进步和明显成效。然而我国声学人才与发达国家相比仍然相当缺乏，未能很好地担负起对14亿人民实施听觉关怀与改善人居声环境的重任。

我是一名科技工作者，也是一名教育工作者，长期从事建筑技术科学的教学与科研，深刻体会到科技工作者不仅要在提升科技创新能力上持续发力，更应牢记习近平总书记的嘱托，“进一步加强科学教育、工程教育，加强拔尖创新人才自主培养”。①安徽建筑大学声学（本科）专业，是安徽省一流专业，办学具有一定的特色。他们坚持办学面向社会、行业和新兴产业需求，厚基础、重实践，理工结合，所培养的建筑声学学生能胜任环境噪声控制及室内音质设计等工作。对此，我感到十分的欣慰！也衷心希望从事建筑声学专业的科技和教育工作者们，能够不忘初心，牢记创新发展使命，继续为我国建筑声学专门人才的教育和培养贡献自己的力量。

声学是一门科学，更是一门技术。建筑声学人才培养不仅需要注重理论知识的传授，更应注重科学素养、实验实践技能和创新思维能力的培养。本教材编者多年从事声学专业教育教学及科研工作，熟悉建筑声学教学规律和实际工程需求。在内容编排上，由浅入深，既注重建筑声学理论阐述又突出实践应用，体现了实验知识体系基础性、提高性与实用性的统一。教材内容分为4章及附录5个部分，包括15

① 新华网．习近平在中共中央政治局第五次集体学习时强调　加快建设教育强国　为中华民族伟大复兴提供有力支撑［EB］．人民网，2023-05-29.

个建筑声学实验项目、8个电声实验项目、2个超声实验项目和9个虚拟仿真设计性实验项目，以及对传声器、声校准器、声源、功率放大器、多通道数据采集仪、声级计等部分声学实验仪器与设备的介绍。精心选编的34个实验项目涵盖建筑声学材料构件吸隔声性能、消声器静态传递损失、声屏障插入损失、楼板撞击声、噪声源声功率级、设备噪声时频信号、扬声器等电声器件声学参数、环境噪声及厅堂扩声特性检测，以及声学材料研发设计、厅堂音质设计和区域声环境质量评价等内容。

相信本教材的出版，能够对建筑声学相关专业学生实验实践能力的培养发挥积极的作用，也可为从事声环境设计及噪声与振动控制的工程技术人员提供有益的借鉴。

中国科学院院士

华南理工大学建筑学院教授

2023年12月

前言 Foreword

建筑声学是声学的主要分支之一。建筑声学实验是一门重要课程，其目的在于将声学基础、建筑声学材料、噪声与振动控制、电声原理与技术、建筑声学设计原理等建筑声学核心课程的理论与实际有机联系起来，加强学生实验基本技能的综合训练，提高学生的实际动手能力和工程设计能力，培养学生的科技素养和创新思维，以适应建筑声学技术的迅速发展与广泛应用需要。目前国内尚无建筑声学实验专门教材，本书是基于编者从事声学专业上述多门课程教学、科研与实践经验的总结，在几轮讲义及多届学生教学实践的基础上修改、补充与完善而成的。本书内容共分为4章及附录，共5个部分：

第1章建筑声学实验，选编15个实验项目，要求学生熟练掌握声学材料吸声系数、建筑构件空气声隔声量、噪声源声功率级、设备噪声时频信号、消声器静态传递损失、声屏障插入损失、楼板撞击声、区域声环境噪声等声学参量测量方法，测量仪器使用，测量数据分析处理及评价。

第2章电声实验，选编8个实验项目，要求学生熟练掌握传声器、扬声器等电声器件声学参数检测，其中编写厅堂扩声特性检测实验以期巩固和拓宽课堂所学理论，培养基本技能，学会实际工程应用。

第3章超声实验，选编2个实验项目，要求学生熟练掌握超声技术在声学材料缺陷无损检测等方面的应用。

第4章虚拟仿真实验，选编9个综合设计性实验，要求学生在基本教学实验基础上，综合运用所学声学知识，系统开展声学新材料研发，以及实际工程项目方案设计创新性实验，提高学生实际工程实践和应用能力。

附录简介部分声学实验仪器及设备。

本书编写以建筑声学实验为主，辅以电声实验、超声实验，以及虚拟仿真等实验，内容由浅入深，体现知识体系的基础性、规范性，突出知识体系组织的新颖性和教学内容的实用性，可为声学、环境工程及建筑学本科教学服务，也可为声学、环境科学与工程、建筑技术科学和电子科学与技术类研究生或从事声环境设计及噪声与振动控制的工程技术人员提供有益参考。

感谢所有为本书编写提供资料与校正作出贡献的各位同仁！本书的出版，得到了安徽省教育厅省级质量工程项目（2022jcjs025）、安徽高校学科（专业）拔尖人才学术资助项目（gxbjZD2021066）、安徽建筑大学、安徽省建筑声环境重点实验室、安徽建筑大学声学研究所、北京声望声电技术有限公司和恩缇艾音频设备技术（苏州）有限公司的共同支持，在此深表感谢！衷心感谢中国科学院院士、华南理工大学吴硕贤教授百忙之中为本书书写序言！此外，书中引用许多学者的观点和成果，有些由于难以查明文献来源而未注明，在此也一并致以敬意！

因时间仓促及作者水平有限，书中难免有疏漏和不妥之处，敬请广大读者不吝指正。

编　者

2023年12月

目 录 Contents

Chapter1

第1章 建筑声学实验项目

Architectural Acoustics

建筑声学实验主要包括两个方面：实验室测量和现场测量。

实验室测量和现场测量的测量环境不同，对于一些产品检测的声学参量也存在差异。实验室测量一般包括吸声材料及吸声结构的吸声系数测量、建筑构件隔声性能测量、消声器消声量测量及噪声设备的声功率测量等；现场测量一般包括建筑结构隔声性能测量、声屏障插入损失测量、消声器消声量（传递损失、传递声压级差）测量、噪声设备辐射声功率测量等。

吸声材料及吸声结构广泛应用于建筑声学设计及噪声与振动控制工程当中，测量及评价吸声材料、吸声结构的方法主要包括混响室法和阻抗管（或驻波管）法，前者测量的是无规入射吸声系数，后者测量的是法向（或垂直）入射吸声系数，两种方法各有利弊，如使用混响室法，测量需要试件面积较大，所需仪器较多，测量较为繁杂等，但所得吸声系数与吸声材料及吸声结构实际使用时更为符合；阻抗管（或驻波管）法具有操作简便，所需试件面积小，测量效率高等优点，但测量结果仅代表声波垂直入射到吸声材料及吸声结构表面时的吸声系数。

隔声材料对于噪声与振动控制具有重要意义。对于建筑构件的隔声性能评价包括空气声隔声量及撞击声隔声量等。实验室测量建筑构件隔声性能通常在隔声室内进行，对于面密度较小的试件也可使用阻抗管进行测量。

声功率是评价设备辐射噪声大小的重要指标，测量方法包括混响室测量、全消声室测量、半消声室测量及现场测量等。声屏障是控制交通噪声的有效手段，插入损失是评价声屏障声学性能的重要指标。消声器消声量测量可以分为动态和静态两种，动态消声量是指有风流过消声器，静态消声量是指无风流过消声器。消声量具体指标包括插入损失、传递损失、插入声压级差，以及传递声压级差。

此外，环境噪声测量是评价各类功能区的重要手段，对于了解生活区的噪声水平具有重要意义。

1.1 实验一 混响室吸声系数测量

1. 实验目的

了解吸声系数的概念，掌握材料吸声系数（无规入射）混响室测量方法。

2. 实验原理

吸声系数 α 是指试件吸声量与试件面积的比值，可由下式计算：

$$\alpha = \frac{A}{S} \quad (1-1)$$

式中 A——试件吸声量，m^2；

S——试件面积，m^2。

吸声系数是用来衡量材料对声能吸收能力的一个参数，取值范围在 0 到 1 之间。吸声系数为 0 表示材料无吸声能力；吸声系数为 1 表示材料完全吸收声波。吸声系数与吸声材料的种类、厚度、密度及表面特性等物理因素有关。

吸声系数实验室测量方法一般有两种，一种是混响室法，所测为材料的无规入射吸声系数；另一种是阻抗管（也称为驻波管）法，所测为材料的法向（或垂直）入射吸声系数。对同种材料而言，两种方法所测得吸声系数一般有所不同，采用混响室法测量所得吸声系数与材料在实际使用过程中的吸声特性相符性较好。

由赛宾公式[①]可知，当房间的体积确定后，混响时间的长短与房间内的吸声量有关。根据这一关系，材料的吸声系数就可以通过测量混响室内加入试件前后的混响时间差值 ΔT 来计算。

未安装吸声材料（空场）时，混响室总的吸声量 A_1 可由下式计算：

$$A_1 = \frac{55.3\,V}{c_1 T_1} - 4\,m_1 V \quad (1-2)$$

式中 T_1——混响室的空室混响时间，s；

V——混响室体积，m^3；

c_1——空场混响时间测量时的声速，m/s；

m_1——空场时室内空气吸收衰减系数。

在安装了面积为 S 的材料之后，混响室内总的吸声量 A_2 可由式（1-3）计算：

$$A_2 = \frac{55.3\,V}{c_2 T_2} - 4\,m_2 V \quad (1-3)$$

式中 T_2——安装材料后的混响时间，s；

c_2——安装材料后测量时的声速，m/s；

m_2——安装材料后室内空气吸收衰减系数。

如果两次测量的时间间隔比较短且室内温度及湿度相差很小，可近似认为 $c_1 = c_2 = c$，$m_1 = m_2 = m$，安装前后吸声量的变化可表示为：

$$\Delta A = \frac{55.3\,V}{c}\left(\frac{1}{T_2} - \frac{1}{T_1}\right) \quad (1-4)$$

如果考虑安装材料的面积与混响室内表面积相比很小，被试件所覆盖地面的吸声系数很小，则吸声系数 α_s 可按下式计算：

$$\alpha_s = \frac{\Delta A}{S} \quad (1-5)$$

式中 S——被测材料与空气的接触面积，m^2；

α_s——被测材料的吸声系数。

3. 实验设备与器件

（1）声学测量软件平台；

（2）传声器（MPA231）；

（3）数据采集仪（MC3242）；[②]

（4）声校准器（CA111）；

（5）功率放大器；

① 赛宾（Sabine）混响时间公式是

$$T = \frac{0.161V}{\bar{\alpha}S}$$

式中 T——混响时间，s；V——室内容积，m^3；$\bar{\alpha}$——室内平均吸声系数。

② 详情参见本书附录，余同。

（6）无指向性声源（OS003 A）；

（7）待测试件。

4. 实验步骤

1）实验线路图

将实验设备按图 1-1 所示连接，接通数据采集仪电源，打开测量软件，接通功放电源（功放处于"零增益"状态）。应注意，在测量装置未全部连接完成前，测量系统不应通电。

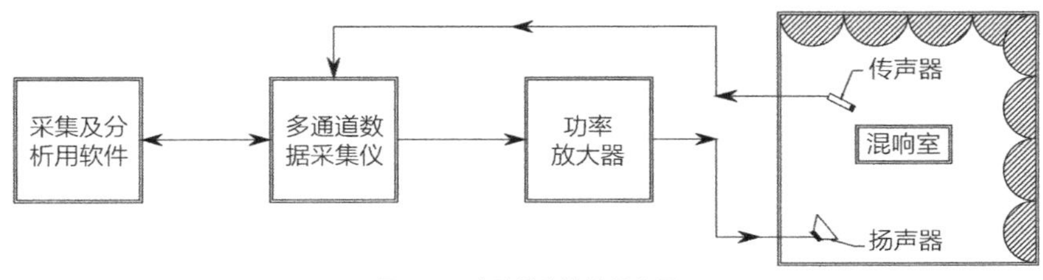

图 1-1　实验线路连接示意图

2）材料布置及安装

（1）材料布置

在测量过程中，材料的布置方式有两种，分别为集中布置如图 1-2（a）所示，以及分散布置如图 1-2（b）所示。集中布置时，材料应集中布置于混响室的中央位置；分散布置时，材料可随机布置。两种布置方式测量所得吸声系数略有不同，尤其当厚度差异比较大时测得结果差异也会增大。

通常情况下，材料多采用集中布置方式进行测量，且被测试件面积应在 8 ～ 10 m^2 区间内。

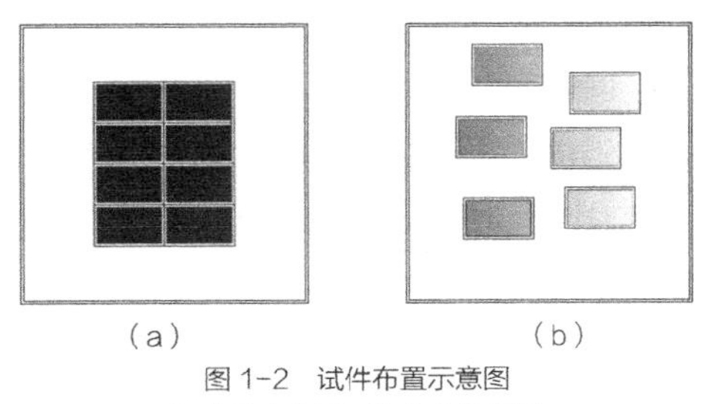

图 1-2　试件布置示意图
（a）集中布置；（b）分散布置

（2）材料安装

材料的吸声特性与测量时的安装方式有关。对于集中布置而言，材料安装方式可以分为不带空腔和带空腔两种。

不带空腔安装时，若为单个试件，可直接置于混响室地面上。若与地面贴合不紧密或有固定需要时，测试前可使用密度较大的密封剂或填充材料进行密封或机械固定件来固定。如果试件由两个或多个单元拼接而成，为防止单个构件单元边界吸声，在拼接处应使用填缝剂或其他不具有吸声性能的材料覆盖相邻构件的连接处。

带空腔安装时，应标识后缀表示试件暴露面与试件背后的壁面之间的距离，如 E-100，即标识为 E 的标识试件背后加 100 mm 空腔，空腔距离修约到 5 mm 的整数倍。根据规定，安装空腔用固定件的面密度不小于 20 kg/m^2，所用材料包括金属、木料或其他无孔材料。固定件在试件背后围成一封闭空腔结构，且空腔内不应有隔板。固定件与房间表面的联结处应用密度较大的密封剂进行密封，防止封闭空间和外界之间的空气泄漏。

针对不同材料，其安装方式也有所不同，详细可参考国家标准《声学　混响室吸声测量》GB/T 20247—2006/ISO 354：2003 附录 B 中相关规定。

3）声源布置

使用无指向性声源（如球面声源）作为测量用声源时，应在房间内布置至少 2 个声源位置，声源位置之间距离不小于 3 m。

4）测点布置

集中布置时，传声器应布置在材料四周，置于地面以上 1.2 m，距离各壁面 1 m，近壁面传声器不正对平面，每个边上保证至少有一个传声器，最少测量 4 次且每次测量更换传声器位置，保证每个测量点上传声器不重复。

分散布置时，传声器置于地面以上 1.2 m，距离各壁面 1 m，近壁面传声器不正对平面，最少测量 4 次且每次测量更换传声器位置，保证每个测量点上传声器不重复。

5）参数设置

设置存储路径及项目管理，设定采样率及采样点数，对各通道传声器灵敏度进行校准。发声时间设置为 15 s，测试信号采用具有连续频谱的宽带或窄带噪声信号。

6）数据记录

记录测量开始前及结束后的混响室内环境参数，包括温度（℃）、湿度 *RH*（%）及大气压（Pa）。

设置频率范围，根据国家标准《声学　混响室吸声测量》GB/T 20247—2006/ISO 354：2003 及《声学测量中的常用频率》GB 3240—1982 中规定，测量应按倍频程或 1/3 倍频程进行，其中心频率（单位为 Hz）规定如下：

1/1 倍频程：

125	250	500	1000	2000	4000

1/3 倍频程：

100	125	160	200	250	315
400	500	630	800	1000	1250
1600	2000	2500	3150	4000	5000

记录安装材料前后的混响时间 T_1 和 T_2。应注意，对计算所得吸声系数 α_s 数据取平均之前，应先观察所记录的混响时间数据，若有异常数据应予以删除。

5. 实验报告要求

实验报告应包含以下内容：

（1）测量人员姓名和测量日期；

（2）试件描述，包括试件面积 *S*、试件安装及混响室内位置，宜画图表示；

（3）混响室形状，以及传声器和声源位置数；

（4）混响室尺寸、容积 *V*，以及总表面积 S_t（包括墙壁、地面和顶棚）；

（5）测量混响时间 *T* 时的环境参数，包括温度（℃）、湿度 *RH*（%）及大气压（Pa）；

（6）各个频程的平均混响时间 T_1 和 T_2，以及吸声系数 α_s。

6. 思考题

采用集中布置时，若材料拼接缝不做密封处理，对测试结果有何影响?

1.2 实验二　阻抗管中吸声系数测量

1. 实验目的

了解阻抗管的结构及功能，掌握阻抗管法测量材料吸声系数（法向入射）的原理及方法。

2. 实验原理

使用阻抗管（或驻波管）测量材料吸声系数的方法有两种，分别为驻波比法和传递函数法，目前多使用传递函数法测量材料法向入射吸声系数。

在一定条件下，阻抗管法与混响室法所得吸声系数可以通过算法进行转换，详见《声学　阻抗管中吸声系数和声阻抗的测量　第 2 部分：传递函数法》GB/T 18696.2—2002。除吸声系数外，传递函数法也可用来测定吸声材料的表面声阻抗率和声导纳率。

使用传递函数法测量材料吸声系数，其原理是将宽带稳态随机信号分解成入射波 P_I 和反射波 P_R，

P_I 和 P_R 大小由安装在管上的两个传声器测得的声压决定。如图 1-3 所示，其中 s 为双传声器的间距，l 为传声器 2 至基准面（被测试件表面）的距离。入射波声压 p_i 和反射波声压 p_r 可由公式（1-6）计算：

$$\begin{cases} p_i = P_I e^{jk_0 x} \\ p_r = P_R e^{-jk_0 x} \end{cases} \qquad (1-6)$$

式中　P_I——基准面（$x=0$）上 p_i 的幅值；

P_R——基准面（$x=0$）上 p_r 的幅值。

两个传声器位置处的声压分别为：

$$\begin{cases} p_1 = P_I e^{jk_0(s+l)} + P_R e^{-jk_0(s+l)} \\ p_2 = P_I e^{jk_0 l} + P_R e^{-jk_0 l} \end{cases} \qquad (1-7)$$

则入射波的传递函数 H_i 为：

$$H_i = \frac{p_{2i}}{p_{1i}} = e^{-jk_0 s} \qquad (1-8)$$

式中　s——两个传声器之间的距离。

反射声波的传递函数 H_r 为：

$$H_r = \frac{p_{2r}}{p_{1r}} = e^{jk_0 s} \qquad (1-9)$$

总声场的传递函数 H_{12} 可由 p_1 和 p_2 获得，且有 $P_R = rP_I$，

$$H_{12} = \frac{p_2}{p_1} = \frac{e^{jk_0 l} + re^{-jk_0 l}}{e^{jk_0(s+l)} + re^{-jk_0(s+l)}} \qquad (1-10)$$

式中　r——反射系数。

用 H_i 和 H_r 改写式（1-10），可得：

$$r = \frac{H_{12} - H_i}{H_r - H_{12}} e^{j2k_0(s+l)} \qquad (1-11)$$

由上式可知，反射系数 r 可通过测得的传递函数、s、l 和波数 k_0 确定。则试件的法向吸声系数 α 为：

$$\alpha = 1 - |r|^2 \qquad (1-12)$$

声阻抗率 Z_s 为：

$$Z_s = \frac{1+r}{1-r}\rho c_0 \qquad (1-13)$$

式中　ρc_0——空气的特性阻抗，kg/（m^2·s）。

声导纳率 G_s 为：

$$G_s = \frac{1}{Z_s} \qquad (1-14)$$

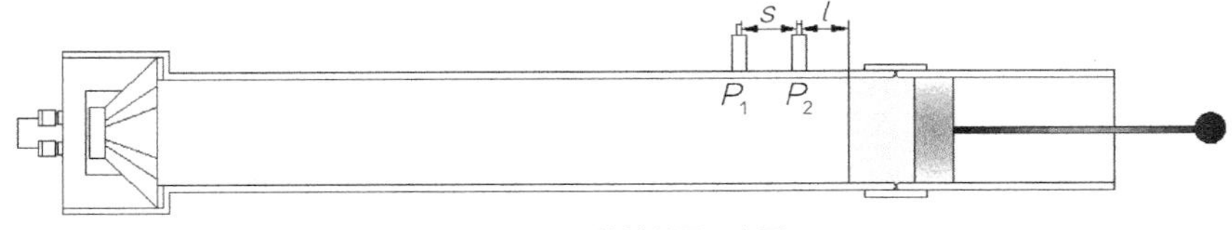

图 1-3　阻抗管装置示意图

3. 实验设备与器件

（1）声学测量软件平台；

（2）传声器（MPA416）；

（3）数据采集仪（MC3242）；

（4）声校准器（CA111）；

（5）功率放大器（PA50）；

（6）阻抗管（SW422、SW477）；

（7）待测试件（ϕ100 mm，ϕ30 mm）。

4. 实验步骤

1）实验线路图

将实验设备按图 1-4 所示连接，接通数据采集仪电源，打开测量软件，接通功放电源（功放处于“零增益”状态）。应注意，在测量装置未全部连接完成前，测量系统不应通电。

2）试件规格及安装

（1）试件规格

试件规格取决于测量用阻抗管内径，以 SW422（管内径为 100 mm）和 SW477（管内径为 30 mm）阻抗管为例，本次实验需准备试件规格有两种，直径分别为 100 mm（以下称为试件 A）及 30 mm

（以下称为试件 B），试件 A 和试件 B 应为同种材料。

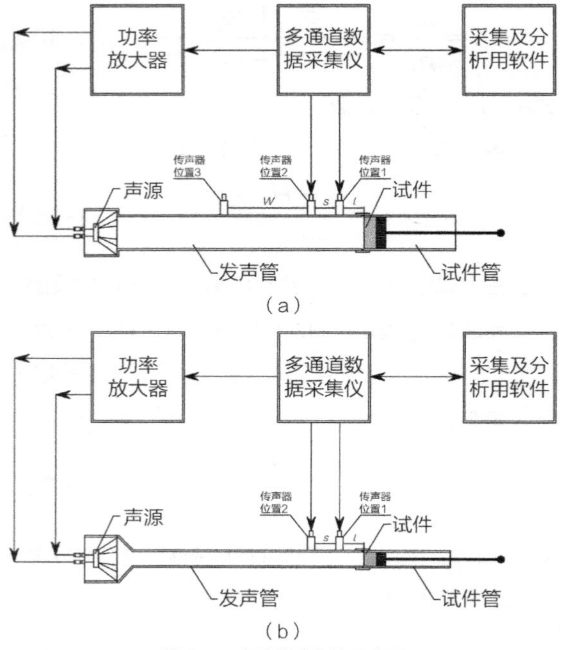

图 1-4　实验线路连接示意图
（a）大管：内径为 100mm；（b）小管：内径为 30mm

（2）试件安装

试件应大小合适地安装在试件管内，不能过分受压，应保证试件表面与试件管断面平齐，不得有凸起。试件四周缝隙应使用密封材料进行密封，如塑胶黏土和柔性填充材料。若试件为低密度的多孔性材料，如毛毡、纤维棉等，测试结构不需加空腔时，应将试件均匀粘贴在试件管内底部。若测试结构包含一定的空腔，可采用尽可能细且刚性足够的丝网制成网格栅来协助固定。

对于表面平整均匀的试件，安装位置最小容差应在 ±0.5 mm 以内。若试件表面不平整，应选用传声器位置足够远的阻抗管进行测试，以保证测量传递函数在平面波区域获得。若试件后表面不平整，则会与试件管底部产生一定的孔隙，这时应在试件和试件管之间放一层密度较大的可塑性材料（如油灰类材料），以填充试件的背面孔隙且增加厚度，以保证试件前表面与试件管底部平行。

对于复合结构测试（如穿孔吸声结构和多单元联合共振吸声结构），试件应沿对称线进行取样。对于横纵方向不均匀的材料（如矿棉等），被测试件应从较大的单一材料上多位置进行取样，取样数应在三个以上。

对于试件背后需要加一定厚度空腔进行测量时，在试件固定后，可使用试件管上拉杆进行调节。

3）声源及测试信号

如图 1-4 所示，使用振膜扬声器作为声源，声源应置于与试件管相对的阻抗管一端。扬声器的振膜应至少遮盖阻抗管横截面的 2/3，扬声器可以与阻抗管同轴、倾斜或通过弯头与阻抗管连接。本实验中所使用扬声器安装与阻抗管同轴。

在测量频段内，测试信号应具有平直谱密度的平稳信号。测试信号可以为无规则噪声、（周期性）伪随机信号、线性调频信号中的一个或几个。本次实验采用测试信号为白噪声。在选定的传声器位置上进行测量时，在测量频段内，测试信号幅值至少应比背景噪声高 10 dB。

4）参数设置

设置存储路径及项目管理，设定采样率及采样点数，对各通道传声器灵敏度进行校准。记录试件厚度（mm）及测试房间内的环境参数，包括温度（℃）、湿度 *RH*（%）及大气压（Pa）。

5）预备测试

预备测试主要目的是对系统进行校验，包括对扬声器稳定性，温度、湿度、大气压测量，以及系统的信噪比校验。

为保证扬声器在工作时的稳定性，在正式测量之前扬声器应工作至少 10 min。测试过程中温度及大气压等值应保持稳定，温度容许误差为 ±1℃，大

气压容许误差为 ±0.5 kPa。

6）数据记录

由于测试过程中使用两个传声器位置，为校正传声器失配，测量过程中应交换传声器位置来校正通道间失配时测得的传递函数。如图 1-4（a）所示，使用位置 1 和位置 2 时，称之为窄间距，所记录数据（1/3 倍频程）频率范围为：250 Hz 至 1600 Hz；当使用位置 1 和位置 3 时，称之为宽间距，所记录数据（1/3 倍频程）频率范围为：63 Hz 至 500 Hz。除两个传声器位置对测试频率有影响外，管径对测试频率也有影响。如图 1-4（b）所示，小管只有两个传声器位置，使用小管进行测试时，所记录数据（1/3 倍频程）频率范围为：1000 Hz 至 6300 Hz。

综上所述，测试过程中应记录数据包括大管宽间距数据、大管窄间距数据及小管数据。最后，将所得不同类型的数据进行拟合，得到 63 Hz 至 6300 Hz（1/3 倍频程）吸声系数。

多个试件全部测试完成后，再对计算所得吸声系数取算术平均。取平均之前，应先观察所记录数据，若有异常数据应予以删除。

5. 实验报告要求

实验报告应包含以下内容：

（1）测量人员姓名和测量日期；

（2）试件描述，具体应包括结构参数、材料参数及结构特性，详见表 1-1；

表 1-1　试件描述内容表

项目	内容
结构参数	横向尺寸和总厚度； 表面平整度，若不平整，说明凹凸的特征高度； 层数、各层排列厚度，包括空气层； 结构单元如共振器的尺寸和它们的排列； 试件关于有不均匀横向结构的测试物品的对称线的剪裁位置； 护面板，如格栅和穿孔金属板的结构、厚度和穿孔率
材料参数	密度、流阻（若有）； 测试物品的组分材料
结构特性	材料层互相连接的方式； 测试物品中垂直于表面的分隔间壁

（3）试件数量、大小及安装情况；

（4）测量环境参数，包括温度（℃）、湿度 RH（%）及大气压（Pa）；

（5）以表和图的形式给出平均后的吸声系数；

（6）对所用仪器进行描述，包括阻抗管及测试方法。

6. 思考题

在被测试件背面增加 50 mm 的空腔后，测试数据有怎样的变化？为什么会出现这样的变化？

1.3　实验三　阻抗管中构件隔声量测量

1. 实验目的

掌握用阻抗管（或驻波管）法测量材料隔声性能的原理及方法。

2. 实验原理

本实验基于传递矩阵法测量材料隔声性能。该方法仅适用于海绵、棉毡，以及测试频率处于质量控制区的软质薄板等局部反映声学材料（即材料内部没有与其表面平行的声传播）的法向入射隔声量的测量。同时，由于阻抗管（或驻波管）法测量材料隔声性能具有成本低、时间周期短等优点，因此在许多基础性研究和产品开发领域得到了广泛应用。

传递矩阵参数表征了材料，以及结构的固有物理特性，不会随管道末端情况（有无反射）改变而改变。根据这一特性，测量试件前后四个传声器之间的传递函数即可计算试件的透射系数 τ_p，测量装置图如图 1-5 所示。

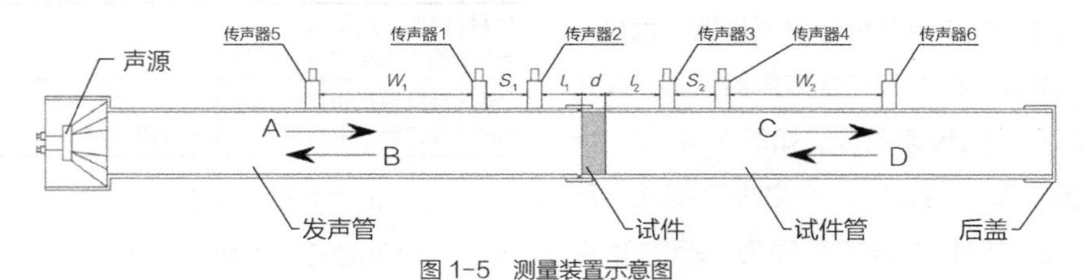

图 1-5 测量装置示意图

（A、C 为管道内向右传播的平面波，B、D 为管道内向左传播的平面波）

本实验中测量原理基于两次测量法，其中，传递矩阵包括声压（p）及质点振速（u）参数。使用末端打开和关闭的方式获取两次测量对应的管道末端阻抗，对应测量分别用下标 a 和 b 表示。

$$\begin{bmatrix} p_1 \\ u_1 \end{bmatrix}_{x=0} = \begin{bmatrix} T_{11} & T_{12} \\ T_{21} & T_{22} \end{bmatrix} \begin{bmatrix} p_1 \\ u_1 \end{bmatrix}_{x=d}; \quad \begin{bmatrix} p_2 \\ u_2 \end{bmatrix}_{x=0} = \begin{bmatrix} T_{11} & T_{12} \\ T_{21} & T_{22} \end{bmatrix} \begin{bmatrix} p_2 \\ u_2 \end{bmatrix}_{x=d} \tag{1-15}$$

在管道截止频率范围内，使用双传声器法将试件前后的声场分解为左右传播的平面波，如图 1-5 所示。

$$A = \frac{H_{\mathrm{ref},1} e^{-jkl_1} - H_{\mathrm{ref},2} e^{-jk(l_1+s_1)}}{2j\sin ks_1} \tag{1-16}$$

$$B = \frac{H_{\mathrm{ref},2} e^{+jk(l_1+s_1)} - H_{\mathrm{ref},1} e^{+jkl_1}}{2j\sin ks_1} \tag{1-17}$$

$$C = \frac{H_{\mathrm{ref},3} e^{+jk(l_2+s_2)} - H_{\mathrm{ref},4} e^{+jkl_2}}{2j\sin ks_2} \tag{1-18}$$

$$D = \frac{H_{\mathrm{ref},4} e^{-jkl_2} - H_{\mathrm{ref},3} e^{-jk(l_2+s_2)}}{2j\sin ks_2} \tag{1-19}$$

式中 s_1——传声器 1、2 的间距；

s_2——传声器 3、4 的间距；

l_1、l_2——传声器 2、传声器 3 与试件参考面的间距；

$H_{\mathrm{ref},i}$——参考传声器到第 i 个传声器的传递函数，参考传声器可以是四个测量用传声器中的任意一个，可由式（1-20）计算：

$$H_{\mathrm{ref},i} = \frac{P_i}{P_{\mathrm{ref}}} \tag{1-20}$$

试件两面的声压（p）和质点振速（u）满足以下关系：

$$\begin{cases} p_0 = A + B \\ u_0 = \dfrac{(A-B)}{\rho c} \end{cases} \tag{1-21}$$

$$\begin{cases} p_d = Ce^{-jkd} + De^{+jkd} \\ u_d = \dfrac{(Ce^{-jkd} - De^{+jkd})}{\rho c} \end{cases} \tag{1-22}$$

式中 ρ——管内空气密度，kg/m³；

c——管内声速，m/s；

k——波数，$k = \dfrac{\omega}{c} = \dfrac{2\pi f}{c}$；

d——试件厚度。

试件的传递矩阵可由式（1-23）得出：

$$T = \begin{bmatrix} T_{11} & T_{12} \\ T_{21} & T_{22} \end{bmatrix} = \begin{bmatrix} \dfrac{p_{0a}u_{db} - p_{0b}u_{da}}{p_{da}u_{db} - p_{db}u_{da}} & \dfrac{p_{0b}u_{da} - p_{0a}u_{db}}{p_{da}u_{db} - p_{db}u_{da}} \\ \dfrac{v_{0a}u_{db} - v_{0b}u_{da}}{p_{da}u_{db} - p_{db}u_{da}} & \dfrac{p_{da}u_{0b} - p_{db}u_{0a}}{p_{da}u_{db} - p_{db}u_{da}} \end{bmatrix} \tag{1-23}$$

法向透射系数可由式（1-24）计算：

$$\tau_{\mathrm{p}}=\frac{2\,e^{jkd}}{T_{11}+\dfrac{T_{12}}{\rho c}+\rho c\,T_{21}+T_{22}} \tag{1-24}$$

材料隔声量可由式（1-25）得出：

$$R=10\lg\left|\frac{1}{\tau_{\mathrm{p}}}\right| \tag{1-25}$$

3. 实验设备与器件

（1）声学测量软件平台；

（2）传声器（MPA416）；

（3）数据采集仪（MC3242）；

（4）声校准器；

（5）功率放大器（PA50）；

（6）阻抗管（SW422、SW477）；

（7）待测试件（ϕ100 mm，ϕ30 mm）。

4. 实验步骤

1）实验线路图

将实验设备按图 1-6 所示连接，接通数据采集仪电源，打开测量软件，接通功放电源（功放处于“零增益”状态）。应注意，在测量装置未全部连接完成前，测量系统不应通电。

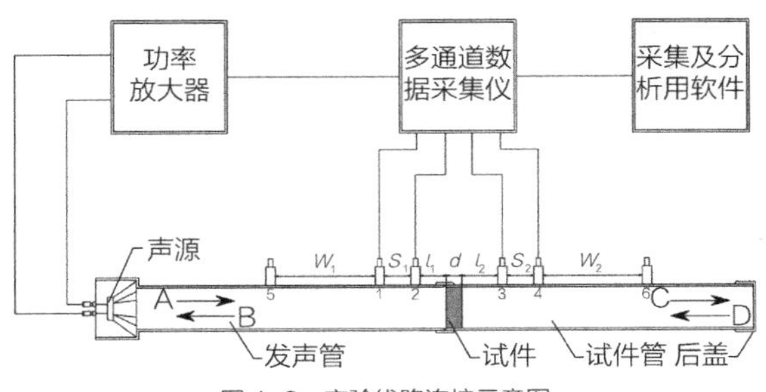

图 1-6 实验线路连接示意图
（图中，1、2、3、4、5 和 6 分别代表传声器位置）

2）试件安装

试件安装在试件管内，应大小合适，不能过分受压，应保证试件表面与试件管断面平齐，不得有凸起。为保证被测试件试件管内壁密封，试件四周应使用密封材料（如油脂、塑胶黏土等）。

对于平整表面的试件，最小容差应在 ±0.5 mm 以内。而对于低密度的多孔性材料，可采用尽可能细且刚性足够的丝网制成网格栅来协助固定。若试件表面不平整，则传声器位置应选得足够远，这样所测得的传递函数才在平面波区域。对于测试结构不均匀、不对称的试件，应有至少两个安装条件相同的试件做重复测试。

对于复合结构测试（如穿孔吸声结构和多单元联合共振吸声结构），试件应沿对称线进行取样。对于横纵方向不均匀的材料（如矿棉等），被测试件应从较大的单一材料上多位置进行取样，取样数应在三个以上。

3）声源及测试信号

如图 1-6 所示，使用振膜扬声器作为声源，声源应置于与试件管相对的阻抗管一端。扬声器的振膜应至少遮盖阻抗管横截面的 2/3，扬声器可以与阻抗管同轴、倾斜或通过弯头与阻抗管连接。本实验中所使用扬声器安装与阻抗管同轴。

在测量频段内，测试信号应具有平直谱密度的平稳信号。测试信号可以为无规则噪声、（周期性）伪随机信号、线性调频信号中的一个或几个。本次实验采用测试信号为白噪声。在选定的传声器位置上进行测量时，在测量频段内，测试信号幅值至少应比背景噪声高 10 dB。

4）参数设置

设置存储路径及项目管理，设定采样率及采样点数，对各通道传声器灵敏度进行校准。

记录试件厚度（mm）及被测房间内的环境参数，包括温度（℃）、湿度 RH（%）及大气压（Pa）。

5）预备测试

（1）基准面

试件安装完成后需确定第一基准面（$x=0$）和

第二基准面（$x=d$）。对于不同的厂家所生产的阻抗管，第一、二基准面可能不同。一般来说，阻抗管确定下来后，第一基准面也就确定了。第二基准面与试件的厚度、表面情况及结构有关。通常情况下，第一基准面就是试件的表面。但如果试件表面不平整或具有不均匀的横向结构，为了避免试件引起声场畸变，第一基准面应该选择在试件表面前的某个距离处。

根据试件种类，传声器与试件之间的最小距离应满足表 1-2。

表 1-2 传声器与试件之间的最小距离确定

试件种类	最小距离 l_{min}
均匀材料平坦表面	管径的 1/2 或长边边长的 1/2
内含非均匀结构的平坦表面	1 倍管径或 1 倍长边边长
不对称或粗糙的表面	2 倍管径或 2 倍长边边长

（2）环境及系统校验

对系统进行校验，包括对扬声器稳定性，温湿度、大气压值测量，以及系统的信噪比校验。

为保证扬声器在工作时的稳定性，在正式测量之前扬声器应工作至少 10 min。测试过程中温度、湿度及大气压等值应保持稳定，温度容许误差为 ±1℃，大气压容许误差为 ±0.5 kPa。

6）数据拟合

根据上文中所述实验原理，为获得试件传递矩阵需改变末端阻抗。因此，在测量过程中应分别记录加后盖（图 1-6）和不加后盖两种情况时的数据。除使用不加后盖的方式改变末端阻抗外，也可在管道末端内填充具有较好吸声性能的多孔性吸声材料。

测试数据有效频率范围与管径及传声器间距有关，为获得 1/3 倍频程或倍频程 63 Hz 至 6300 Hz 内隔声量数据，测试过程中应记录数据包括大管宽间距数据、大管窄间距数据及小管数据。最后使用软件将所记录的不同类型数据进行拟合。

5. 实验报告要求

实验报告应包含以下内容：

（1）测量人员姓名和测量日期；

（2）试件描述，具体应包括结构参数、材料参数及结构特性，详见表 1-3；

表 1-3 试件描述内容表

项目	内容
结构参数	横向尺寸和总厚度； 表面平整度，若不平整，说明凹凸的特征高度； 层数、各层排列厚度，包括空气层； 结构单元如共振器的尺寸和它们的排列； 试件关于有不均匀横向结构的测试物品的对称线的剪裁位置； 护面板如格栅和穿孔金属板的结构、厚度和穿孔率
材料参数	密度、弹性模量、泊松比（若有），组分材料等
结构特性	材料层互相连接的方式

（3）试件数量、大小及详细的安装方式；

（4）测量环境参数，包括温度（℃）、湿度 RH（%）及大气压（Pa）；

（5）以表和图的形式给出拟合后的频率隔声量特性 $R(f)$ 曲线。

6. 思考题

测试过程中为什么需要改变试件管的末端阻抗？

1.4 实验四 建筑构件空气声隔声量实验室测量

1. 实验目的

了解和掌握建筑构件的空气声隔声量实验室测量。

2. 实验原理

1）隔声量

隔声量是指入射到被测试件上的声功率 W_i 与透

射试件的透射声功率 W_t 的比值，取以 10 为底的对数乘以 10，单位是分贝（dB），用 R 表示，如式（1-26）所示：

$$R = 10\lg\frac{1}{\tau} \quad (1-26)$$

式中　τ——透射系数，为透射声功率 W_t 和入射声功率 W_i 的比值，即：

$$\tau = \frac{W_t}{W_i}$$

从测量方法上讲，空气声隔声测量的方法可以分为实验室法和现场测量法两种，本次实验所述内容为实验室法测量构件空气声隔声量。

2）测量原理

隔声实验室分为发声室（或声源室）和接收室，发声室声源以声功率 W 向外辐射声能时，可以得到发声室内的稳态混响声能密度为：

$$\varepsilon_1 = \frac{4W}{c_0 R_1} \quad (1-27)$$

式中　R_1——发声室内房间常数；

c_0——声速，m/s。

若试件面积为 S，则入射到该试件上的声功率为：

$$W_i = \frac{\varepsilon_1 c_0 S}{4} \quad (1-28)$$

若设试件的透射系数为 τ，则透过试件进入接收室内的声功率为：

$$W_t = \tau W_i = \frac{\tau\varepsilon_1 c_0 S}{4} \quad (1-29)$$

此时，接收室内混响声能密度为：

$$\varepsilon_2 = \frac{4W_t}{c_0 R_2} \quad (1-30)$$

式中　R_2——接收室内房间常数；

c_0——声速，m/s。

$$R_2 = \frac{S_2\bar{\alpha}}{1-\bar{\alpha}} \quad (1-31)$$

式中　$\bar{\alpha}$——接收室内的材料平均吸声系数；

S_2——接收室内表面积，m^2。

声能密度与有效声压 p 之间的关系为：

$$\varepsilon = \frac{p^2}{\rho c_0^2} \quad (1-32)$$

式中　ρ——空气密度，可按式（1-33）计算：

$$\rho = \rho_0\frac{PT_0}{P_0 T} \quad (1-33)$$

式中　T——空气温度，K；

P——大气压，kPa；

P_0——标准大气压，$P_0 = 101.325$ kPa；

ρ_0——空气的静止密度，$\rho_0 = 1.29$ kg/m^3。

则式（1-28）可改写为：

$$W_i = \frac{p_1^2 S}{4\rho c_0} \quad (1-34)$$

式中　p_1——发声室内有效声压，Pa。

同理，接收室内声功率可写为：

$$W_t = \frac{p_2^2 R_2}{4\rho c_0} \quad (1-35)$$

式中　p_2——室内有效声压，Pa。

隔声量可由下式计算：

$$R = 10\lg\frac{W_i}{W_t} = L_1 - L_2 + 10\lg\frac{S}{R_2} \quad (1-36)$$

式中　L_1、L_2——发声室和接收室内的声压级，dB，可由下式计算：

$$L_p = 10\lg\frac{1}{n}\left(\sum_{i=1}^{n} 10^{0.1L_{pi}}\right) \quad (1-37)$$

式中　n——测点数目。

当接收室壁面平均吸声系数很小时，$R_2 \approx S_2\bar{\alpha}$，式（1-36）可写为：

$$R = 10\lg\frac{W_i}{W_t} = L_1 - L_2 + 10\lg\frac{S}{A} \quad (1\text{-}38)$$

式中 A——接收室的等效吸声量，$A = S_2\bar{\alpha}$。

上式说明，隔声量除了与发声室和接收室的声压级差值有关外，还取决于隔声试件面积及接收室内的等效吸声量。

3. 实验设备与器件

（1）声学测量软件平台；

（2）传声器（MPA231）；

（3）数据采集仪（MC3242）；

（4）声校准器；

（5）功率放大器；

（6）无指向性声源（OS003 A）；

（7）待测试件。

4. 实验步骤

1）实验线路图

将实验设备按图 1-7 所示连接，接通数据采集仪电源，打开测量软件，接通功放电源（功放处于“零增益”状态）。应注意，在测量装置未全部连接完成前，测量系统不应通电。

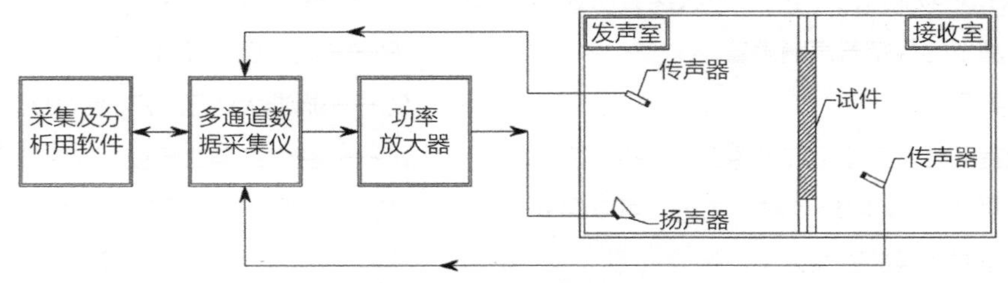

图 1-7 实验线路连接示意图

2）试件安装

被测试件安装于测试洞口内，测试洞口约为 10 m^2，并且墙和底板的短边不小于 2.3 m。

测量门及类似建筑构件，在测试洞口内需加装填隙墙用来安装被测试件。填隙墙需符合以下要求：

（1）对任一频率的隔声量测试时，其通过墙体传递的声能量应比通过试件传递的至少低 6 dB，最好低 15 dB 以上；

（2）试件安装时，两边壁龛深度应不相同，建议两边深度比例宜在 1 : 2 左右，壁龛边界所衬贴材料在测试频率段内吸声系数应小于 0.1；

（3）填隙墙总厚度应在 500 mm 以内。

此外，洞口和测试室的任何一墙、地面和顶棚间的距离不得小于 0.5 m，且洞口宜在填隙墙不对称位置上。试件的安装方式对于测试结果影响较大，因此在测量前应明确试件具体安装方式，详细可参考《声学 建筑和建筑构件隔声测量 第 1 部分：侧向传声受抑制的实验室测试设施要求》GB/T 19889.1—2005/ISO 140-1 : 1997 中第 3.2 节所述。

对于某些具有单侧吸声结构的被测构件（如声屏障等），吸声一侧应朝向发声室或按实际使用时情况安装。

3）声源及传声器布置

实验使用无指向性声源，至少布置 2 个声源位置，且声源不同位置间距不小于 3 m。

每个房间至少布置 5 个传声器位置，其分布取决于房间可用空间的大小。一般来说，传声器之间距离应大于 0.7 m，传声器与房间边界或障碍物之间应大于 0.7 m，任一传声器与声源之间距离大于 1 m，任一传声器与试件之间距离大于 1 m。

声源及测点位置可参照如图 1-8 所示进行布置。

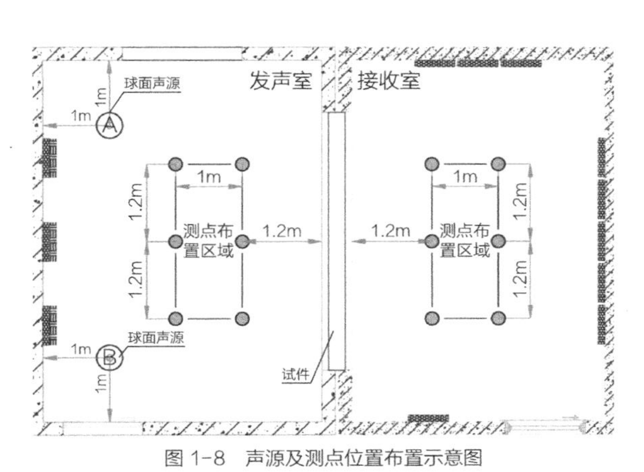

图 1-8　声源及测点位置布置示意图

4）参数设置

设置存储路径及项目管理，设定采样率及采样点数，对各通道传声器灵敏度进行校准。记录试件厚度（mm）及被测房间内的环境参数，包括温度（℃）、湿度 RH（%），以及大气压（Pa）。

5）发声室内声场产生

测量要求发声室内的声场处于稳定状态，且声能密度尽可能均匀，并且在所测量的频率范围内有一个连续的频谱。为了保证测量过程中不受周围环境噪声的影响，要求隔声室具有较低的背景噪声。同时，需要保证测量用声源具有足够高的声功率，以保证在所测试频程内的声压级比隔声室背景噪声声压级至少高出 15 dB。为了保证在测量过程中发声室内的声场扩散得更加均匀，需将声源放置在远离构件测试洞口一侧的角落。

6）接收室吸声量测量

由式（1-38）可知，需对接收室内吸声量进行测量。根据赛宾公式可知，房间等效吸声量可由式（1-39）计算：

$$A = \frac{0.161\,V}{T} \qquad (1\text{-}39)$$

式中　A——等效吸声量，m^2；

V——接收室容积，m^3；

T——接收室混响时间，s。

7）背景噪声修正

测量前应对接收室内背景噪声进行测量，测量结果应比信号和背景噪声叠加后的总声压级至少低 6 dB，最好低 15 dB 以上。差值在 6 ~ 15 dB 之间，对接收室声压级修正应按下式进行修正：

$$L = 10\lg\left(10^{\frac{L_{ab}}{10}} - 10^{\frac{L_b}{10}}\right) \qquad (1\text{-}40)$$

式中　L——修正后的信号声压级，dB；

L_{ab}——信号和噪声叠加的总声压级，dB；

L_b——背景噪声声压级，dB。

若任一频程内的声压级差值小于或等于 6 dB 时，采用差值为 6 dB 时的修正值 1.3 dB 进行修正。此时，所得该频程的隔声量值是测量的极限值。

8）数据记录

声压级采用 1/3 倍频程测量时，至少包含以下 18 个中心频率（单位为 Hz）：

100	125	160	200	250	315
400	500	630	800	1000	1250
1600	2000	2500	3150	4000	5000

若有需求，可额外增加低频范围内中心频率：50 Hz、63 Hz、80 Hz。

在对计算所得隔声量 R 数据取平均之前，应先观察所记录数据，若有异常数据应予以删除。

9）计权隔声量

计权是指将一组量值用一组基准数值进行整合后获得单值的方法。在评价建筑隔声构件性能时，报告中应给出单值评价量，该单值评价量称为计权隔声量，使用 R_W 表示，单位是分贝（dB）。在给出计权隔声量的同时，还应给出频谱修正量 C 及 C_{tr}，分别表示对 A 计权粉红噪声修正及对 A 计权交通噪声修正。

计权隔声量 R_W 可表示为：

$$R_W\,(C;\ C_{tr}) = 40\,(0;\ -1)\ \text{dB}$$

上式表示该构件空气声计权隔声量为 40 dB，

对于A计权粉红噪声修正值为 $C=0$，A计权交通噪声修正值为 $C_{tr}=-1$，即噪声源为交通噪声时该构件的（A计权）隔声量 $R'_W=[40+(-1)]$ dB。

5. 实验报告要求

实验报告应包含以下内容：

（1）测量人员姓名和测量日期；

（2）测量所使用的测量仪器及测量框图；

（3）发声室及接收室的形状，以及传声器和声源位置数；

（4）发声室及接收室的尺寸及容积 V；

（5）发声室及接收室的环境参数，包括温度（℃）、湿度 RH（%）及大气压（Pa）；

（6）试件剖面图和安装工况概述，包括试件尺寸、厚度、面密度、各组成部件的名称及所用密封材料和密封方式；

（7）记录各个频程的隔声量 R，并以图表形式进行呈现；图形中各数据点应用直线连接，横坐标以对数刻度表示频率，纵坐标以线性刻度表示隔声量数值；

（8）对所得频率—隔声量 $R(f)$ 特性曲线进行单值评价，并应表明该单值评价量是基于实验室法测量获得的结果。

6. 思考题

测试过程中为什么要考虑背景噪声修正？何种情况下可不考虑背景噪声修正？

1.5 实验五 小构件空气声隔声测量

1. 实验目的

掌握小构件隔声性能测量方法，理解小构件隔声性能测试意义。

2. 实验原理

隔声构件的隔声性能用隔声量 R 衡量，通常用传声损失 TL 描述。传声损失的定义是入射到结构上的声能和透过结构的声能之比，取常用对数乘以10，单位是分贝（dB），可由式（1-41）计算：

$$TL=10\lg\frac{1}{\tau} \qquad (1-41)$$

式中 τ——透射系数，指透射声功率 W_t 和入射声功率 W_i 的比值，即：

$$\tau=\frac{W_t}{W_i} \qquad (1-42)$$

式中 W_t——透射声功率；

W_i——入射声功率。

标准隔声实验室测试洞口面积为 10 m^2，可满足 10 m^2 以内建筑构件的隔声测量。实际测量中为快速简便测得试件的隔声能力，通常使用面积为 1 m^2 左右的小试件作为测试对象。

本次实验使用混响室作为发声室，消声室作为接收室。待测隔声构件置于两房间连接处试件安装洞口内，如图1-9所示。此外，该试件安装洞口还可用于测量消声器的静态消声量。

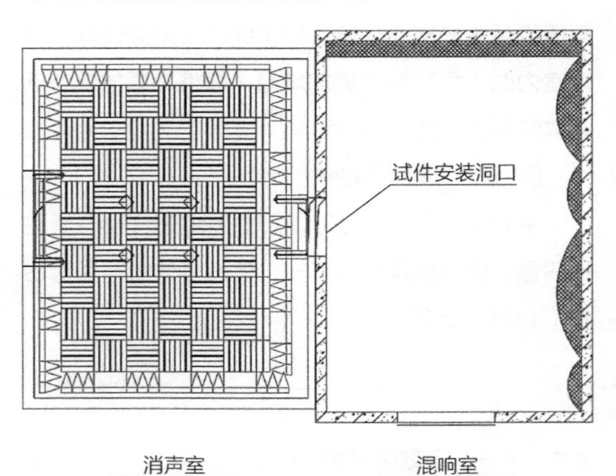

图1-9 测试洞口示意图

试件安装洞口是指混响室与消声室连接部分所形成的通道，试件安装于靠近混响室一侧。在靠近消声室一侧，通道内设置吸声内衬，形成无末端反射通道。在测量过程中，发声室（即混响室）内放置声功率为 W 的无指向性声源稳定发声，入射至试件表面声功率 W_i，可按式（1-43）计算：

$$W_i=\frac{p^2}{4\rho c}S \qquad (1\text{-}43)$$

式中　p——混响室内声压有效值，Pa；

ρ——介质密度，kg/m^3；

c——介质中声速，m/s；

S——试件面积，m^2。

如图 1-10 所示，在靠近消声室一侧无末端反射通道内，声波将以平面波的形式传播。在无末端反射通道内任一距离试件为 d 的测量面 S_d 上，其声功率 W_d 可由式（1-44）计算：

$$W_d=\frac{p_d^2}{2\rho c}S_d \qquad (1\text{-}44)$$

式中　p_d——测量面上有效声压，Pa。

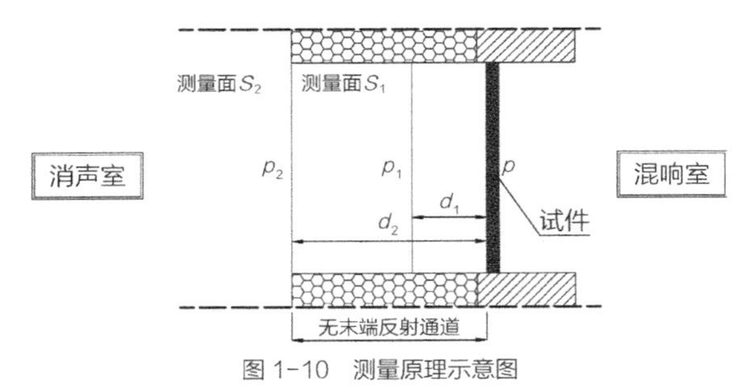

图 1-10　测量原理示意图

由于通道壁面均匀吸收，沿着试件表面法线方向的声能量将随测量面到试件表面的距离发生指数衰减。设沿程声功率损耗系数为 γ，单位为瓦每米（W/m）。则在无末端反射通道内任一确定位置 d 处，测量面声功率可由式（1-45）计算：

$$W_d=W_t e^{\gamma d} \qquad (1\text{-}45)$$

式中　W_t——透射声的声功率，W。

在通道内选取距试件表面距离分别为 d_1 和 d_2 的两个测量面 S_1 及 S_2。通过两个测量面上所测得声压，相应得到两个测量面上声功率为 W_1 和 W_2，由式（1-46）及式（1-47）计算：

$$W_1=\frac{p_1^2}{2\rho c}S_1=W_t e^{\gamma d_1} \qquad (1\text{-}46)$$

$$W_2=\frac{p_2^2}{2\rho c}S_2=W_t e^{\gamma d_2} \qquad (1\text{-}47)$$

式中　p_1、p_2——测量面 S_1 和 S_2 上有效声压，Pa。

沿程声功率损耗系数 γ 值可由式（1-48）计算：

$$\gamma=0.23\frac{L_2-L_1}{d_2-d_1} \qquad (1\text{-}48)$$

式中　L_1——测量面 S_1 上平均声压级，dB；

L_2——测量面 S_2 上平均声压级，dB；

d_1、d_2——测量面 S_1 和 S_2 距离试件靠近消声室一侧距离，m。

透射声功率 W_t 可由式（1-49）计算：

$$W_t=\frac{p_1^2S_1}{2\rho c}e^{0.23\left(L_1-L_2+10\lg\frac{S_1}{S_2}\right)\frac{d_1}{d_2-d_1}} \qquad (1\text{-}49)$$

无末端反射通道一般为截面积固定，且吸声特性均匀的通道，有 $S_1=S_2$，则式（1-49）可写为：

$$W_t=\frac{p^2S_1}{2\rho c}e^{0.23(L_1-L_2)\frac{d_1}{d_2-d_1}} \qquad (1\text{-}50)$$

透射系数 τ 可由式（1-51）计算：

$$\tau=\frac{2p_1^2S_1}{p^2S}e^{0.23(L_1-L_2)\frac{d_1}{d_2-d_1}} \qquad (1\text{-}51)$$

此时，试件隔声量由式（1-52）计算：

$$R=L_i-L_1+10\lg\frac{S}{S_1}-3+\frac{d_1(L_2-L_1)}{d_2-d_1} \qquad (1\text{-}52)$$

式中　L_i——混响室内平均声压级，dB。

3. 实验设备与器件

（1）声学测量软件平台；

（2）传声器（MPA231）；

（3）数据采集仪；

（4）声校准器；

（5）功率放大器；

（6）无指向性声源（OS003 A）；

（7）待测试件。

4. 实验步骤

1）实验线路图

将实验设备按图 1-11 所示连接，接通数据采集仪电源，打开测量软件，接通功放电源（功放处于“零增益”状态）。应注意，在测量装置未全部连接完成前，测量系统不应通电。

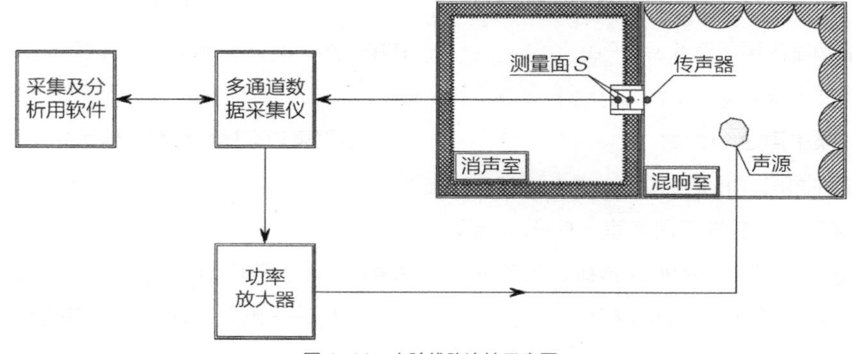

图 1-11　实验线路连接示意图

2）试件安装

被测试件安装于测试洞口内，标准试件面积为 1 m^2。对于试件表面平整的，应保证试件靠近无末端反射通道一侧表面与通道入口平齐。对于试件两表面存在差异的，应尽量与实际使用时安装条件一致。若试件面积小于 1 m^2，应加装填隙墙用于安装试件，且填隙墙内试件安装洞口中心轴线应与无末端反射通道轴线重合。除特殊要求外，试件安装时应始终与试件安装洞口的中轴线垂直。

3）声源及传声器布置

（1）声源布置

实验使用无指向性声源，至少布置 2 个声源位置，且声源不同位置间距不小于 3 m。

（2）测点布置

混响室内至少布置 1 个测量面。若以试件靠近混响室一侧表面为基准面，混响室内测量面与距基准面的距离 d_s 应在 0.2 ~ 0.4 m 之间，每个测量面上至少布置 5 个测点，如图 1-12 所示，优先选择测量面上测点 1 至 5，如有需要可增加测点数，如图 1-12 中测点 6 至 9。

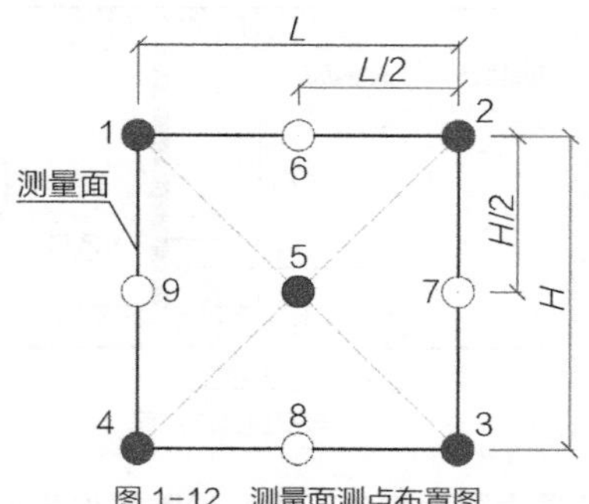

图 1-12　测量面测点布置图

消声室一侧的无末端反射通道内，至少布置 2 个测量面 S_1 和 S_2，测量面与通道截面平行，且中心应与通道轴线重合。任一测量面距试件靠近消声室一侧表面的距离 d_{s1} 应大于 0.2 m，距离测量通道出口表面距离 d_{s2} 大于 0.1 m，如图 1-13 所示。每个测量面上布置测点方法与混响室一侧相同。

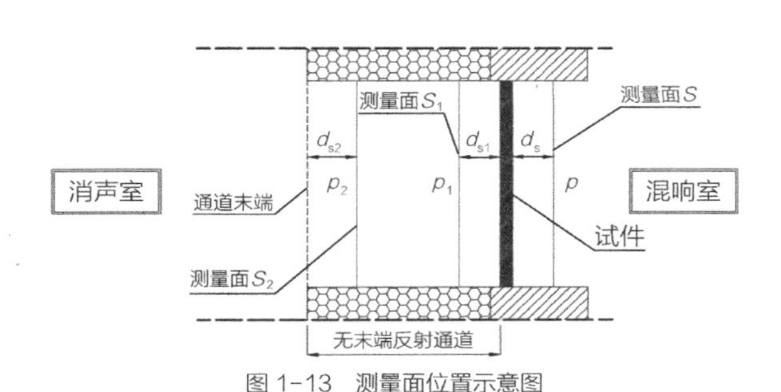

图 1-13　测量面位置示意图

若有条件，测量面可改为传声器阵列，如图 1-14 所示。

图 1-14　传声器阵列

4）参数设置

设置存储路径及项目管理，设定采样率及采样点数，对各通道传声器灵敏度进行校准。记录试件厚度（mm）及被测房间内的环境参数，包括温度（℃）、湿度 RH（%）及大气压（Pa）。

5）沿程声功率损耗系数 γ

沿程声功率损耗系数 γ 应在试件安装后进行测量。确定试件密封性良好后，在无末端反射通道内设置两个以上测量面进行测试，测量面测点布置满足“3）声源及传声器布置”中所述。选取不同的两个测量面数据，通过式（1-48）计算出损耗系数 γ_i，若存在 n 个不同的双测量面组合，则平均损耗系数 $\bar{\gamma}$ 由式（1-53）计算：

$$\bar{\gamma}=\frac{\sum_{i=1}^{n}\gamma_i}{n} \tag{1-53}$$

6）数据记录

声压级采用 1/3 倍频程测量时，至少包含以下 18 个中心频率（单位为 Hz）：

100	125	160	200	250	315
400	500	630	800	1000	1250
1600	2000	2500	3150	4000	5000

对测量所得隔声量 R 数据取平均之前，应先观察所记录数据，若有异常数据应予以删除。

5. 实验报告要求

实验报告应包含以下内容：

（1）测量人员姓名和测量日期；

（2）测量所使用的测量仪器及测量框图；

（3）混响室及消声室的形状，以及传声器和声源位置数；

（4）混响室及消声室的尺寸及容积 V；

（5）混响室及消声室的环境参数，包括温度（℃）、湿度 RH（%）及大气压（Pa）；

（6）试件剖面图和安装工况概述，包括试件尺寸、厚度、面密度、各组成部件的名称及所用密封材料和密封方式；

（7）记录各个频程的隔声量 R，并以图表形式进行呈现；图形中各数据点应用直线连接，横坐标以对数刻度表示频率，纵坐标以线性刻度表示隔声量数值；

（8）对所得频率—隔声量 $R(f)$ 特性曲线进行单值评价，并应表明该单值评价量是基于小构件实验室法测量获得的结果。

6. 思考题

（1）沿程声功率损耗系数 γ 与无末端反射通道内哪些因素有关？

（2）与“第 1.4 节　实验四　建筑构件空气声隔声量实验室测量”相比，测量数据有何差异？

1.6 实验六 声屏障插入损失现场测量

1. 实验目的

了解声屏障降噪原理，掌握声屏障插入损失现场测量方法。

2. 实验原理

1）声屏障

声屏障（图 1-15）是一种设置在噪声源和受声点之间用于衰减或阻断噪声传播的声学障板。当噪声源发出的声波传播到声屏障时，将会产生反射、透射和衍射（或绕射）等现象，如图 1-16（a）所示。一部分声波在声屏障表面上产生反射；一部分透过声屏障到达受声点；另一部分则越过声屏障顶端绕射到达受声点。声屏障作用就是阻断直达声的传播，隔离透射声，并使衍射声能有足够的衰减，在声屏障后方形成一定范围的声影区，以达到对受声点的保护目的，如图 1-16（b）所示。

图 1-15 城市轨道交通声屏障效果图

用于评价声屏障实际降噪效果的指标称为插入损失 IL，是指在保持噪声源、地形、地貌、地面和气象条件不变的情况下，安装声屏障前后在某特定位置上的声压级之差，单位为分贝（dB）。声屏障的插入损失与噪声的频率、屏体自身吸隔声性能、声屏障的高度，以及声源与受声点之间的距离等因素有关。

噪声源频率特性对声屏障降噪效果影响较大。一般来说，对于中高频噪声声屏障具有较好的降噪效果，而对于低频声波，其波长越长，容易产生绕射现象，因此降噪效果较差。

声屏障降噪系数 NRC 和计权隔声量 R_W 这两个声学指标通常在实验室中进行测量。降噪系数越大，反射声能量越小；计权隔声量越大，则透射声能量越小。从图 1-16（b）可知，声屏障的高度越高，其背后声影区面积越大，所保护范围也就越广。由于大气声衰减的作用，一般噪声源距离受声点越远，传播到受声点的噪声强度也就越小。

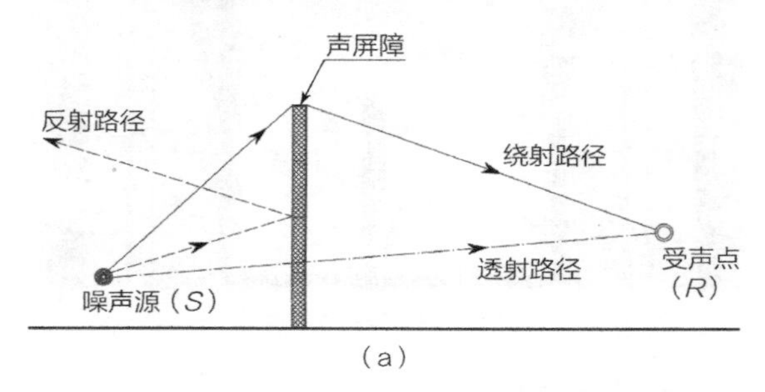

（a）

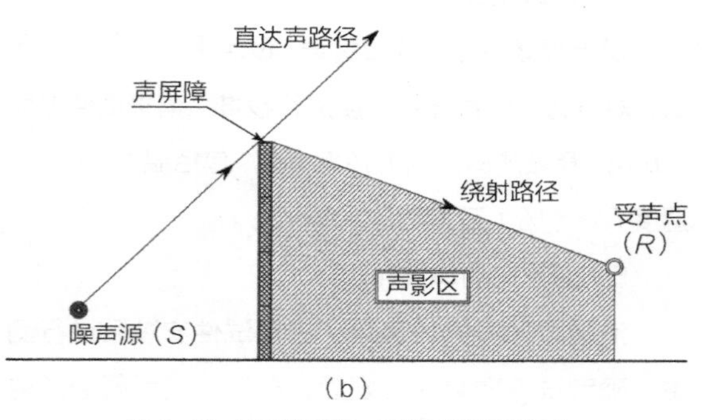

（b）

图 1-16 声屏障反射、透射及绕射示意图

2）测量原理

声屏障的降噪效果一般用 A 计权等效声级或最大 A 声级的插入损失来评价。插入损失测量方法可分为直接法和间接法。

（1）直接法

直接法是指直接测量声屏障安装前后，相同参考位置和受声点位置的声压级。由于测量时安装声屏障前后的参考位置和受声点位置相同，地形地貌、地面条件一般等效性较好。

使用直接法测量声屏障插入损失时，可由式（1-54）计算：

$$IL=(L_{ref,a}-L_{ref,b})-(L_{r,a}-L_{r,b}) \quad (1\text{-}54)$$

式中　$L_{ref,a}$——参考点处安装声屏障后的声压级，dB（A）；

$L_{ref,b}$——参考点处安装声屏障前的声压级，dB（A）；

$L_{r,a}$——受声点处安装声屏障后的声压级，dB（A）；

$L_{r,b}$——受声点处安装声屏障前的声压级，dB（A）。

（2）间接法

间接法是指声屏障已经安装且不可移去，声屏障安装前的测量可以选择与受声点位置上测量环境等效的场所进行。选择间接法时，应保证两个测点的等效性，包括声源特性、地形、地貌、周围建筑物反射、地面和气象条件等。

如图 1-17 所示，选取测量环境具有等效性的两个区域，在区域 1 中测量安装声屏障后受声点的声压级，在区域 2 中等效测量未安装声屏障时受声点的声压级，通过测得声压级值便可得到声屏障的插入损失。

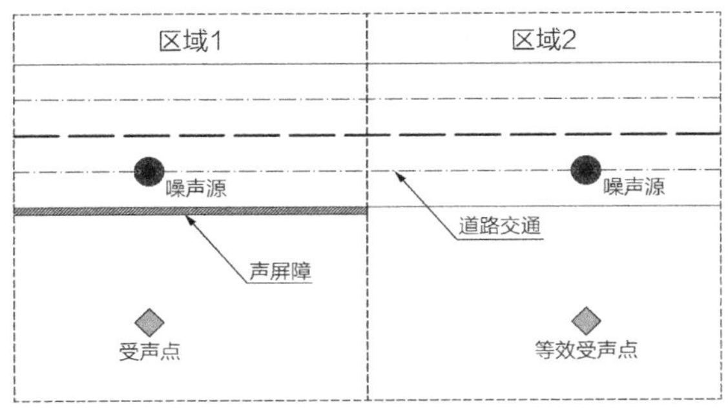

图 1-17　间接法测量示意图

使用间接法测量声屏障插入损失时，由下式计算：

$$IL=(L_{ref,a}-L_{ref,b})-(L_{r,a}-L_{r,b}) \quad (1\text{-}55)$$

式中　$L_{ref,b}$——等效场所参考点处安装声屏障前的声压级，dB（A）；

$L_{r,b}$——等效场所受声点处安装声屏障前的声压级，dB（A）；

$L_{ref,a}$——安装声屏障后参考点处的声压级，dB（A）；

$L_{r,a}$——安装声屏障后受声点处的声压级，dB（A）。

3. 实验设备与器件

（1）声级计（精度 1 级）；

（2）声校准器；

（3）风速测量仪；

（4）温湿度、大气压计；

（5）无指向性声源（无法使用自然声源条件下使用）。

4. 实验步骤

1）测量方法选择

根据目标区域实际情况，选择使用直接法或间接法进行测量。在具体选择所采用的测量方法时，参考点及受声点选取，应充分考虑测量对象、声屏障安装前测量的可能性和声源、地形、地貌、地表面、气象条件等因素在两次测量中的等效程度。

2）声源类型选择

现场测量声屏障插入损失时，声源可采用自然声源或可控制的自然声源。一般情况下多使用自然声源。在没有自然声源或自然声源强度不够大（无法对背景噪声产生掩蔽作用）时，也可考虑使用可控制的自然声源。

（1）自然声源

自然声源是指道路上实际行驶的车辆所产生的

噪声。在测量过程中，应在参考点位置对声源进行连续监测，以便对声源不稳定产生的误差进行修正。

（2）可控制的自然声源

可控制的自然声源是指道路上实际行驶的车辆。若声屏障安装前后，自然声源特性产生变化，如车流量、车辆类型等，则考虑使用可控制的自然声源。若车流量或者车辆类型比例变化都会引起声源特性明显改变的，采用可控制的自然声源是必要的。

3）声源的等效性确定

为了准确测量声屏障的插入损失，在测量期间应对声源进行监测，以保证声源的等效性。

（1）声源运行参数的监测

以道路车流量作为声源测量声屏障的插入损失时，被监测的运行参数应包括平均车速、车流量和各类型车辆的比例。

（2）参考位置的噪声监测

为监测声屏障安装前后声源的等效性，应在声屏障上方设置参考点在测量过程中对噪声源进行监测。在选择参考点位置时，应保证声屏障的存在不影响声源在其位置上的声压级。

当靠近声屏障一侧的车道中心线与声屏障之间的距离 D 大于 15 m 时，参考点应位于声屏障平面内上方 1.5 m 处，如图 1-18 所示。当距离 D 小于 15 m 时，参考点应位于声屏障的平面内上方 H 处，并保证离声屏障最近的车道中心线与参考位置、声屏障顶端的连线夹角为 10°，如图 1-19 所示。

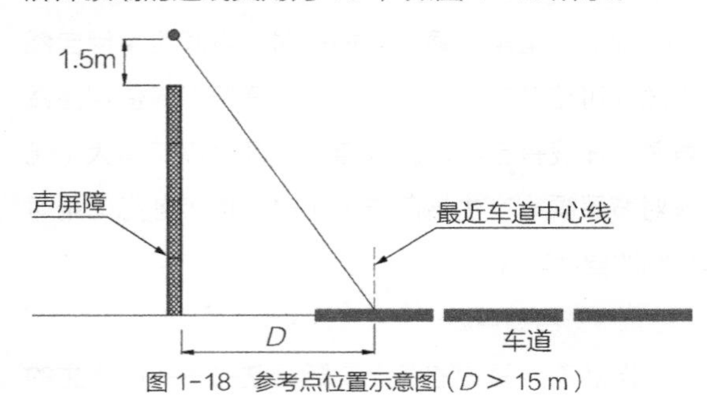

图 1-18 参考点位置示意图（$D > 15$ m）

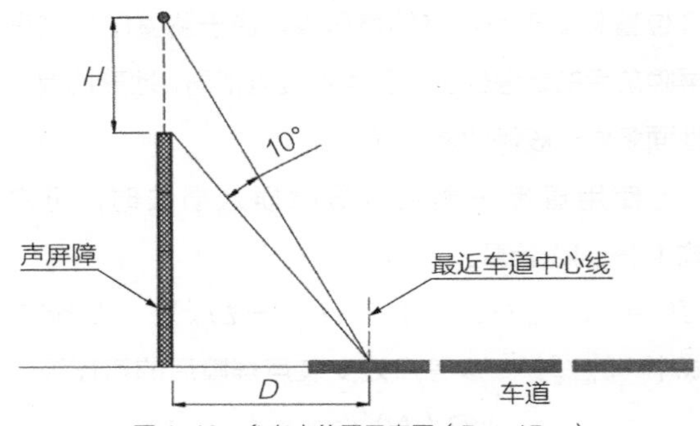

图 1-19 参考点位置示意图（$D < 15$ m）

4）测量环境要求

（1）地形、地貌和地面条件

测量过程中，应保证地形、地貌和地面条件具有等效性。当采用间接法进行测量时，等效受声点所处环境符合以下 2 个条件时，方可认为等效。

① 测量场所和实际的声屏障区域的地形地貌、障碍物和地面条件类似；

② 受声点一侧后方 30 m 以内的环境（包括大的反射物等）应该类似。

为了保证地面条件的等效性，可以测量地面结构的特性阻抗。若不满足测量条件，至少应保证地面材料（包括土壤、水泥、沥青、砖石等）、处理状况（土壤松实程度等）和土壤上方的植被状况等一致，且应避免地面含水量有较大的变化。

使用直接法进行测量时，上述条件在声屏障安装前后也应保持一致。

（2）气象条件

为了保证测量的可重复性，对气象条件，如风、温度，以及其他气象条件应满足表 1-4 中所述。

表 1-4 测量过程中气象条件及要求

气象条件	要求
风	声屏障安装前后两次测量过程中风向应保持不变，并且从声源到受声点的平均风速变化不超过 2 m/s
温度	声屏障安装前后两次测量的平均温度变化不超过 10℃

续表

气象条件	要求
湿度	声屏障安装前后两次测量过程中，湿度应该无太大变化
其他要求	应避免在降雨、降雪天进行测量，应避免在潮湿路面情况下进行测量

5）背景噪声

正式测量之前，应确定背景噪声影响。测量时，应保证背景噪声声压级比受声点处测量值至少低 10 dB（最好低 15 dB）。若背景噪声值与测量值差值在 3 ~ 9 dB 之间，可按照表 1-5 中所述对测量结果进行修正。当差值小于 3 dB 时，则不符合测量条件，测量值无效。

表 1-5　背景噪声修正值

测量值和背景噪声值差值 /dB	修正值 /dB
3	−3
4 ~ 5	−2
6 ~ 9	−1

6）测量要求

（1）同步测量

对于参考位置和受声点位置的噪声应同步测量，且测量过程中应避免由于声源不稳定所引起的测量误差。

（2）受声点布置

受声点布置于声屏障设计保护区域内，在设置测点时要求：距离任何反射物（地面除外）至少 3.5 m，距离地面高度 1.2 m 以上。

（3）测量次数

为保证测量结果的可重复性，在受声点和参考点应进行多次测量。在等效情况下，各测点至少测量 3 次。

（4）采样时间

测量采样时间受声源的时间特性和声源的起伏变化影响，通常对于大流量的高速公路和无道路管控的城市快速路等，交通噪声起伏一般小于 10 dB；对于有管控（交通信号灯等）路段，交通噪声起伏一般在 10 ~ 30 dB 之间；对于城市轨道交通和铁路，交通噪声起伏往往大于 30 dB。根据交通噪声起伏范围和声源特性，规定测量采样时间，如表 1-6 所列。

表 1-6　测量采样时间

声源特性	噪声起伏范围 /dB		
	＜ 10	10 ~ 30	＞ 30
稳态噪声	2 min	—	—
非稳态噪声	10 min	20 min	30 min

5. 实验报告要求

（1）测量所用的仪器，包括型号、精度等；

（2）测量单位名称（人员姓名）、地点和测量时间；

（3）声屏障 A 计权声级插入损失及 1/3 倍频程（或倍频程）插入损失，并以图表的形式给出结果；

（4）应在报告说明所使用测量方法及声源的类型；

（5）对测量过程中天气情况的描述，尤其是风向和风速，云层情况及是否雨雪等；

（6）记录测量过程中的温度、湿度及大气压值；

（7）报告中应给出声源及受声点距声屏障直线距离，有条件的应在地图上进行标注；

（8）记录所测路段声屏障长度及高度，并附现场测量图片。

6. 思考题

使用间接法对声屏障插入损失进行测量时，为保证噪声源的等效性，应注意哪些事项？

1.7 实验七 混响室混响时间测量

1. 实验目的

了解混响时间概念，掌握混响时间混响室测量方法。

2. 实验原理

混响是指在房间内声源停止发声后，声音由于房间内结构产生多次反射或散射而延续的现象。在某一稳态室内声场中，主要由于反射声和散射声起作用的区域即为混响声场。若将一稳态混响声场内声源切断，平均声能密度自原始值衰变百万分之一（60 dB）所需要的时间（图 1-20），即称为混响时间，单位为秒（s）。

混响时间是用于评价厅堂音质的一个重要客观参数，“最佳混响时间”是判断室内音质优劣的一个定量指标。混响室内测量混响时间的方法包括中断声源法和脉冲响应积分法，本实验采用的方法为中断声源法。

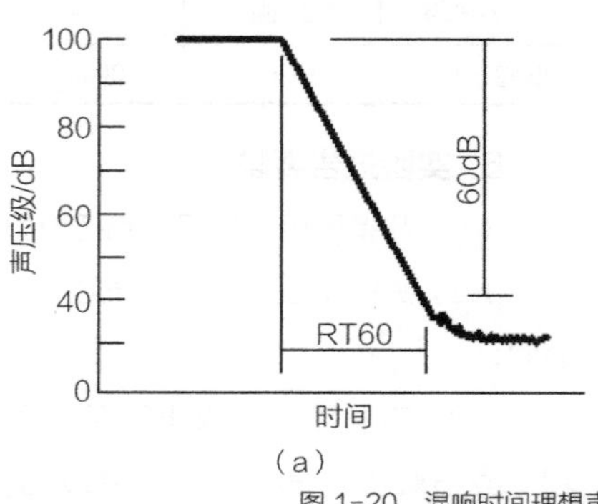

（a）

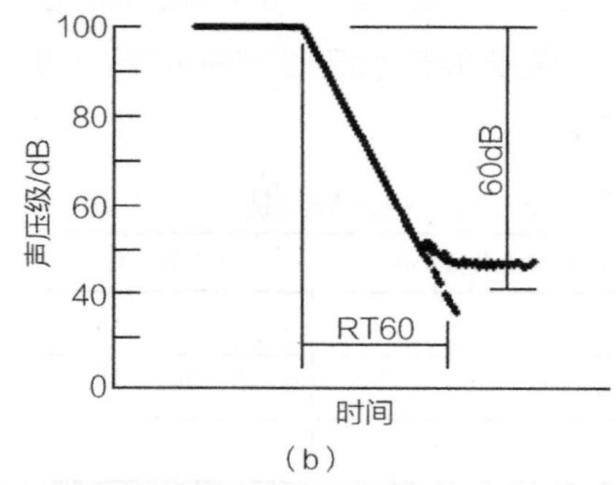

（b）

图 1-20 混响时间理想声衰减曲线及实际衰减曲线
（a）理想衰减；（b）实际衰减

根据室内吸声特性的不同，通常采用以下混响时间计算公式：

（1）当室内平均吸声系数 $\bar{\alpha} \leqslant 0.2$ 时，混响时间可用赛宾（Sabine）公式计算，计算结果与实际测量结果相符性较好，如式（1-56）所示。

$$T_{60}=\frac{0.161\,V}{S\bar{\alpha}} \qquad (1\text{-}56)$$

式中 V——室内容积，m^3；

S——室内表面积，m^2；

$\bar{\alpha}$——室内平均吸声系数。

（2）当室内平均吸声系数 $\bar{\alpha} > 0.2$ 时，混响时间采用伊林（Eyring）公式计算，计算结果与实际测量结果相符性较好，如式（1-57）所示。

$$T_{60}=\frac{0.161\,V}{-S\ln(1-\bar{\alpha})+mV} \qquad (1\text{-}57)$$

式中 m——空气吸收系数。

（3）室内三对内界面表面吸声分布不均匀时，混响时间可用费茨罗伊公式计算，如式（1-58）所示。

$$T_{60}=\frac{X}{S}\left[\frac{0.161\,V}{-S\ln(1-\bar{\alpha}_x)}\right]+\frac{Y}{S}\left[\frac{0.161\,V}{-S\ln(1-\bar{\alpha}_y)}\right]+\frac{Z}{S}\left[\frac{0.161\,V}{-S\ln(1-\bar{\alpha}_z)}\right] \qquad (1\text{-}58)$$

式中 X，Y，Z——三对内界面表面积，m^2；

$\bar{\alpha}_x$，$\bar{\alpha}_y$，$\bar{\alpha}_z$——分别为相应于 X，Y，Z 三对内界面表面积平均吸声系数。

通常在混响时间测量过程中，由于较难测得高于室内本底噪声 60 dB 的声压级衰减值，可测量 T_{20} 及 T_{30}，即声压级衰减 20 dB 和 30 dB 时所需要的时间。

3. 实验设备与器件

（1）声学测量软件平台；

（2）传声器（精度 1 型）；

（3）数据采集仪；

（4）声校准器；

（5）功率放大器；

（6）球面声源（OS003 A）。

4. 实验步骤

1）实验线路图

将实验设备按图 1-21 所示连接，接通数据采集仪电源，打开测量软件，接通功放电源（功放处于“零增益”状态）。应注意，在测量装置未全部连接完成前，测量系统不应通电。

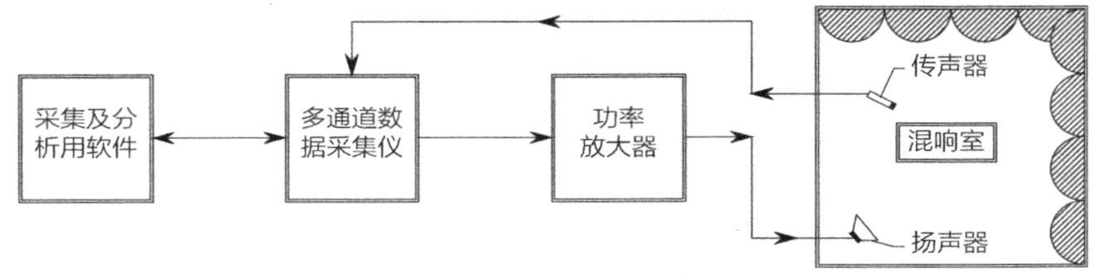

图 1-21　实验线路连接示意图

2）声源布置

中断声源法测量房间内混响时间，采用无指向性声源 OS003 A 球面声源（也称为十二面体），声源到反射面（或障碍物）和任一传声器的最小距离 d_{min} 应满足式（1-59）：

$$d_{min}=0.1\left(\frac{V}{\pi T}\right)^{\frac{1}{2}} \qquad (1\text{-}59)$$

式中　V——房间内容积，m^3；

　　T——混响时间，s。

声源位置距离最近反射面或障碍的最小距离应满足大于或等于 d_{min}，在房间内布置至少两个声源位置。一般声源位置选择在混响室内中心处或靠近墙角位置，距离地面 1.5 m 处，且不同声源位置间距应大于 3 m。

3）测点布置

测量使用 1/2 英寸传声器，置于地面上方 1.2 m 处，距离最近界面（如墙壁、扩散体等）1 m 以上，不正对平面墙壁，且测点均匀布置于房间内非声源所在对角线上，测点布置数量至少为 3 个。

4）参数设置

设置存储路径及项目管理，设定采样率（默认为 50 240 Hz）及采样点数（10 260），校准传声器，输入相应灵敏度，设置发声时间为 15 s。测试信号采用具有连续频谱的宽带或窄带噪声信号。

5）数据记录

设置频率范围，根据国家标准《声学　混响室吸声测量》GB/T 20247—2006/ISO 354 : 2003 及《声学测量中的常用频率》GB 3240—1982 中规定，测量应按倍频程或 1/3 倍频程进行，其中心频率（单位为 Hz）规定如下：

1/1 倍频程：

125	250	500	1000	2000	4000

1/3 倍频程：

100	125	160	200	250	315
400	500	630	800	1000	1250
1600	2000	2500	3150	4000	5000

对所有测点测量值取算术平均，测量原始记录应精确到小数点后两位数字，作为测量结果的平均值应遵循四舍五入的原则，小于或等于 1 s 时，应取小数点后两位数字；大于 1 s 时，应取小数点后一位数字。应注意，在对数据取算术平均之前，应先观察所记录数据，若有异常数据应予以删除。

5. 实验报告要求

实验报告应包含以下内容：

（1）测量人员姓名和测量日期；

（2）测量所使用的测量仪器及测量框图；

（3）混响室形状，以及传声器和声源位置数；

（4）混响室尺寸、容积 V，以及总表面积 S_t（包括墙壁、地面和顶棚）；

（5）测量混响时间时的环境参数，包括温度（℃）、湿度 RH（%）及大气压（Pa）；

（6）记录各个频程的平均混响时间 T，并以图表形式进行呈现；图形中各数据点应用直线连接，横坐标以对数刻度表示频率，纵坐标以线性刻度表示混响时间值。

6. 思考题

按赛宾公式计算混响室内 1000 Hz 时的房间内平均吸声系数是多少?

1.8 实验八 狭长空间混响时间测量

1. 实验目的

了解狭长空间混响效应，掌握狭长空间混响时间测量方法。

2. 实验原理

1）狭长空间及其声学特性

狭长空间包括但不限于长廊、隧道、管道、狭窄通道等，在这些空间中，声波会多次反射并产生相互干扰，从而增加了声音的持续时间和强度，导致混响时间增加。尤其是当声源与接收器之间距离较远时，这种现象则会更加明显。

狭长空间混响效应指的是声波在狭长空间内多次反射形成的回声效应，从而造成声信号失真，音质变差。其主要特点是声音持续时间长、衰减慢、失真严重。狭长空间混响效应在实际生活中十分常见，比如地铁站、隧道、机场、体育馆、音乐厅等场所都可能产生此类问题。

狭长空间混响效应的解决方法主要有：增加吸声材料，减少反射面；调整声音源的位置和角度，使其能够更好地沿着声学轴传播，减少反射；采用数字信号处理技术进行降噪和消除混响。

2）测量原理

混响时间是评价室内音质的一个重要指标，对于封闭（或半封闭）狭长空间也同样适用。混响时间测量方法包括中断声源法和脉冲响应积分法。由于狭长空间的混响效应，因此使用中断声源法测量时，衰减曲线容易产生畸变，进而导致测量结果出现偏差。脉冲响应积分法测量混响时间的原理在于利用能量集中且频率丰富的脉冲声（如发令枪射击、气球爆炸和电火花等）信号在空间中的传播和反射特性，通过测量声波信号在空间中的衰减和反射情况，从而得出混响时间。较中断声源法，脉冲响应积分法测量混响时间具有适应性强、测试效率高、稳定性和可重复性高等优点，因此更适合于复杂环境的混响时间测量。使用脉冲响应积分法测量狭长空间混响时间也更为合适。

通过脉冲响应的平方进行反向积分，得出各个频程的衰变曲线。在没有背景噪声的理想情况下，从脉冲响应的终点（$t\to\infty$）开始，至脉冲响应的起点，对脉冲响应的平方进行积分，作为时间函数的衰变式可由式（1-60）计算：

$$
\begin{aligned}
E(t) &= \int_0^{\infty} p^2(\tau)\mathrm{d}\tau - \int_0^{t} p^2(\tau)\mathrm{d}\tau \\
&= \int_t^{\infty} p^2(\tau)\mathrm{d}\tau = \int_0^{t} p^2(\tau)\mathrm{d}(-\tau)
\end{aligned}
\quad (1-60)
$$

式中　$p(\tau)$——脉冲响应声压，Pa。

衰减曲线经计算得到后，根据声能衰减的斜率计算混响时间。

实际测量时，为使背景噪声的影响降到最低，采用的修正方法是：在已知背景噪声声压级情况下，积分下限 t_1 为背景噪声水平线与脉冲响应平方衰减曲线的斜线交点，积分上限仍为脉冲响应的起点，可由式（1-61）计算：

$$E(t) = \int_{t_1}^{t} p^2(\tau)\mathrm{d}(-\tau) + C \quad (1-61)$$

式中　C——脉冲响应声压 $p(\tau)$ 的平方在时间区间（t_1，t）积分的可选修正值。

3. 实验设备与器件

（1）声学测量软件平台；

（2）传声器（精度 1 型）；

（3）数据采集仪；

（4）声校准器；

（5）功率放大器；

（6）脉冲信号源。

4. 实验步骤

1）实验线路图

将实验设备按图 1-22 所示连接，接通数据采集仪电源，打开测量软件，接通功放电源（功放处于“零增益”状态）。应注意，在测量装置未全部连接完成前，测量系统不应通电。

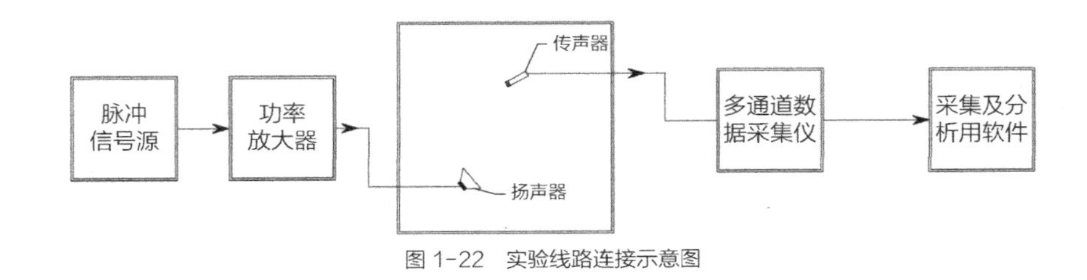

图 1-22　实验线路连接示意图

2）声源及测点布置

布置声源和测点之前，应先确定房间尺寸，按照房间的形状及面积确定布置测点的数量。本节实验测量区域平面示意图，如图 1-23 所示，该区域为 L 形，则可分为区域 A 和 B。其中，区域 A 做了一定的吸声处理，底部铺设 20 mm 厚地毯，顶部设置吸声吊顶；区域 B 未做声学处理。实验测量场所，如图 1-24 所示。

（1）声源布置

在测量区域 A 和区域 B 混响时间时，脉冲声源应避免在拐角及阻抗突变处布置（阻抗突变处为从有声学处理到无声学处理的两个区域分界面）。在满足上述条件基础上，声源应布置于区域空间其他截面的中心位置处。

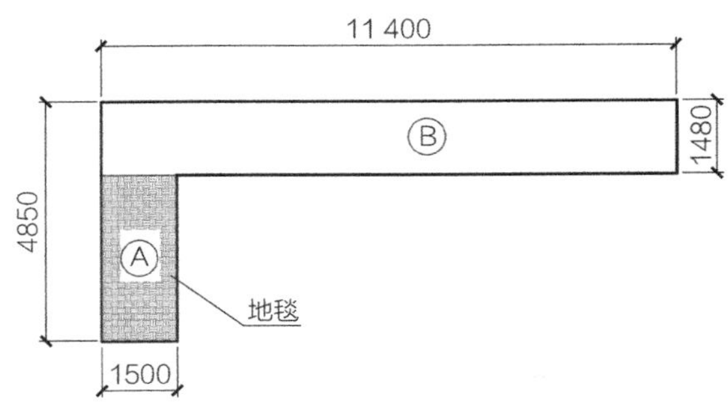

图 1-23　测量区域平面示意图

区域（A）

区域（B）

图 1-24 实验场所图片

（2）测点布置

测点应远离阻抗突变处，但不宜超过区域长度的 1/4。测点应布置于各区域截面的中垂线上，距离地面高度 1.2 m 以上，最低不宜低于 1 m（若空间高度不足 2 m，则应布置于空间截面的中心处），两测点之间距离应大于 1 m，任一测点距离声源 1.5 m 以上，每个区域布置测点数量至少为 3 个。声源和测点布置可参照如图 1-25 所示。

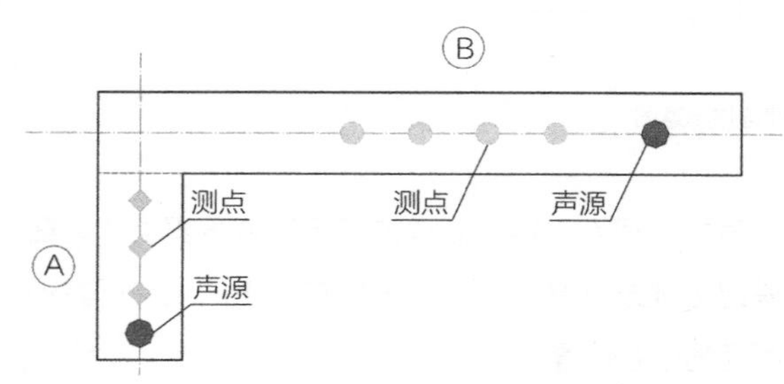

图 1-25 声源及测点布置示意图

3）数据记录

使用A计权声级记录1/3倍频程100 ~ 5000 Hz 或倍频程 125 ~ 4000 Hz 混响时间 T_{20} 数据。

根据国家标准《声学 混响室吸声测量》GB/T 20247—2006/ISO 354：2003 及《声学测量中的常用频率》GB 3240—1982 中规定，测量应按倍频程或 1/3 倍频程进行，其中心频率（单位为 Hz）规定如下：

1/1 倍频程：

125	250	500	1000	2000	4000

1/3 倍频程：

100	125	160	200	250	315
400	500	630	800	1000	1250
1600	2000	2500	3150	4000	5000

5. 实验报告要求

（1）测量人员姓名和测量日期；

（2）测量所使用的测量仪器及测量框图；

（3）测量场所形状，以及测点和声源位置数；

（4）测量场所尺寸、容积 V 及总表面积 S_t（包括墙壁、地面和顶棚）；

（5）区域 A 及区域 B 内各个频程的平均混响时间 T，并以图表形式进行记录；

（6）测量混响时间时的环境参数，包括温度（℃）、湿度 RH（%）及大气压（Pa）；

（7）分别说明区域 A 及区域 B 内所用声学材料的种类、名称及面积。

6. 思考题

除混响时间外，还有哪些声学参量可以作为研究狭长空间声环境的指标？

1.9　实验九　可调混响室混响时间测量

1. 实验目的

了解小空间内混响时间改变对听音效果的影响，掌握房间吸声量、背景噪声，以及混响时间测量方法。

2. 实验原理

在建筑声学设计中，混响时间是评价室内音质的重要指标。若混响时间过长，会导致声音模糊、杂乱；混响时间过短，则会导致声音干涩。混响时间的长短与房间本身的吸声、反射等因素有关。

由赛宾公式可知，室内混响时间与其内部吸声量有关。当房间体积确定后，室内吸声量越大，混响时间越短；室内吸声量越小，则混响时间越长。如图 1-26 所示，通过“打开”和“关闭”可调吸声装置，感受混响时间变化过程对于室内音质，如语音、音乐听音效果等的影响。

可调吸声装置，使用金属作为栅板，内部设置一定厚度的多孔性吸声材料。当栅板处于“关闭”状态时（图 1-26 a），该装置可看作声学扩散体；当栅板处于“打开”状态时（图 1-26 b），内部吸声材料与空气接触，此时该装置可看作吸声体。

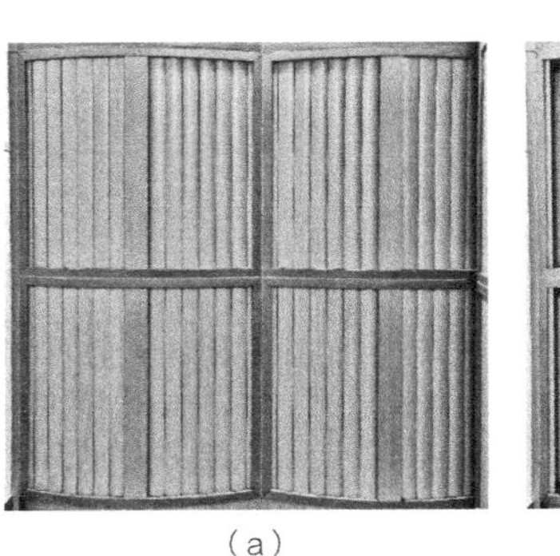
（a）

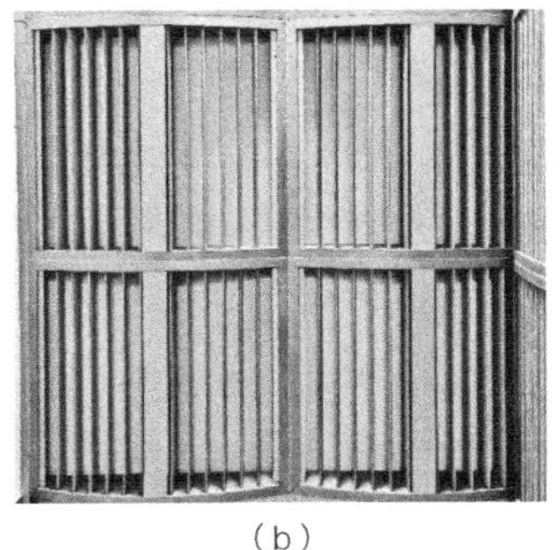
（b）

图 1-26　可调吸声装置

1）吸声量测量

可调吸声装置“关闭”时，房间吸声量 A_1 可由式（1-62）计算：

$$A_1 = \frac{55.3\,V_1}{c_1 T_1} - 4\,V_1 m_1 \qquad (1\text{-}62)$$

式中　V_1——可调吸声装置“关闭”时房间容积，m^3；

c_1——可调吸声装置“关闭”条件下声音在空气中的传播速度，m/s；

T_1——可调吸声装置“关闭”条件下室内混响时间，s；

m_1——可调吸声装置“关闭”条件下空气衰减系数，m^{-1}。

可调吸声装置“打开”时，房间吸声量 A_2 由式（1-63）计算：

$$A_2 = \frac{55.3\,V_2}{c_2 T_2} - 4\,V_2 m_2 \qquad (1\text{-}63)$$

式中　V_2——可调吸声装置“打开”时房间容积，m^3；

c_2——可调吸声装置“打开”条件下声音在空气中的传播速度，m/s；

T_2——可调吸声装置“打开”条件下室内混响时间，s；

m_2——可调吸声装置“打开”条件下空气衰

减系数，m^{-1}。

吸声改变量 ΔA 可表示为：$\Delta A = A_2 - A_1$。若测量前后场所的容积及环境参数变化可以忽略时，有 $V_1 \approx V_2 = V$，$c_1 \approx c_2$，$m_1 \approx m_2$，此时，ΔA 可由式（1-64）计算：

$$\Delta A = A_2 - A_1 = \frac{55.3V}{c}\left(\frac{1}{T_2} - \frac{1}{T_1}\right) \quad (1-64)$$

式中 c——温度为 t 时的声速，$c = 20.05\sqrt{273+t}$，m/s。

2）噪声评价数 NR

考虑到噪声的频谱特性，国际标准化组织采用噪声评价数 NR 曲线来评价室内噪声的大小，如图 1-27 所示。噪声评价数确定的方法如下：首先，测量各个倍频程背景噪声声压级，再把所测得的噪声频谱曲线叠合在 NR 曲线图上（坐标对准），以背景噪声频谱与 NR 曲线在任何地方相切得最高 NR 曲线表示该环境背景噪声的噪声评价数 NR。用噪声评价数 NR 表示室内噪声限值时，各频程噪声值均不得超过 NR 曲线对相应频率的规定值。确定噪声评价数 NR 后，与之对应的各频带声压级可由下式计算：

$$L_p = a + bNR \quad (1-65)$$

式中 L_p——倍频程声压级，dB；

a、b——常数，具体见表 1-7。

表 1-7 a、b 数值表

倍频程中心频率 /Hz	a/dB	b/dB
63	35.5	0.790
125	22.0	0.870
250	12.0	0.930
500	4.8	0.947
1000	0.0	1.00
2000	−3.5	1.015
4000	−6.1	1.025
8000	−8.0	1.030

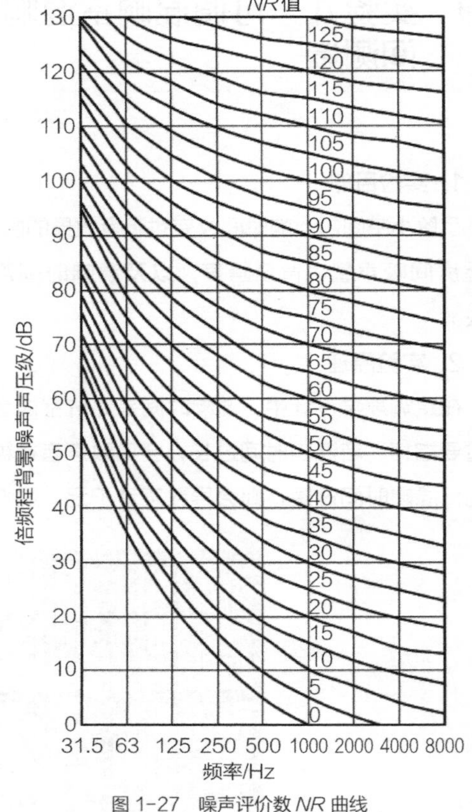

图 1-27 噪声评价数 NR 曲线

3. 实验设备与器件

（1）声学测量软件平台；

（2）传声器（精度 1 型）；

（3）数据采集仪；

（4）声级计（精度 1 级）；

（5）声校准器；

（6）功率放大器；

（7）无指向性声源。

4. 实验步骤

1）实验线路图

将实验设备按图 1-28 所示连接，接通数据采集仪电源，打开测量软件，接通功放电源（功放处于“零增益”状态）。应注意，在测量装置未全部连接完成前，测量系统不应通电。

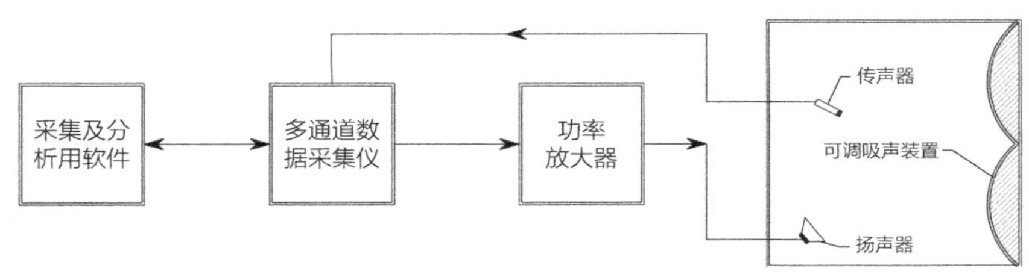

图 1-28　实验线路连接示意图

2）参数设置

设置存储路径及项目管理，设定采样率及采样点数，对各通道传声器灵敏度进行校准。记录被测房间内的环境参数，包括温度（℃）、湿度 RH（%）及大气压（Pa）。

3）混响时间测量

测量房间内可调吸声装置"关闭"和"打开"状态混响时间，可采用中断声源法或脉冲响应积分法。

（1）声源布置

实验使用无指向性声源，至少布置 2 个声源位置，且声源不同位置间距不小于 3 m，优先选择设置于房间地面中心位置处。

（2）测点布置

房间内至少布置 4 个测点，测点距离地面以上 1.2 m，距离各壁面 1 m，近壁面传声器不正对平面，每个测点之间距离不得小于 1 m。

4）背景噪声测量

对于背景噪声应使用声级计或具有声级计功能的记录仪进行测量。测量房间背景噪声时，测点均匀布置于房间内，数量根据房间大小决定，但一般不少于 5 个。测点之间和测点与房间边界或扩散体之间不小于 0.7 m，任一测点与声源之间不小于 1.0 m。

5）数据记录

测量吸声改变量 ΔA 时，需测量可调吸声装置"关闭"和"打开"状态下混响时间 T_1 和 T_2；在测量房间背景噪声时，需测量可调吸声装置"关闭"和"打开"状态下各测点的背景噪声声压级 L_{pi}。

混响时间测量过程中，记录使用 A 计权声级 1/3 倍频程数据，其中心频率（单位为 Hz）规定如下：

100	125	160	200	250	315
400	500	630	800	1000	1250
1600	2000	2500	3150	4000	5000

房间背景噪声测量过程中，记录使用 A 计权声级 1/1 倍频程数据，其中心频率（单位为 Hz）规定如下：

125	250	500	1000	2000	4000

6）确定 NR 数

将各个测点声压级值进行算术平均，按"本节 2）噪声评价数 NR"中所述方法确定房间背景噪声 NR 数。

5. 实验报告要求

（1）测量人员和测量日期；

（2）测量所使用的测量仪器及测量框图；

（3）测量场所形状，以及测点和声源位置数；

（4）测量场所尺寸、容积 V，以及总表面积 S_t（包括墙壁、地面和顶棚）；

（5）可调吸声装置"关闭"和"打开"状态下各个频程的平均混响时间 T，并以图表形式进行记录；

（6）记录各个频程的吸声改变量 ΔA，并以图表形式进行呈现；

（7）可调吸声装置"关闭"和"打开"状态下房间倍频程背景噪声值（图表形式）及噪声评价

数 NR；

（8）测量过程中的环境参数，包括温度（℃）、湿度 RH（%）及大气压（Pa）。

6. 思考题

（1）可调吸声装置对哪些频段的吸声量改变较大？如何改进？

（2）可调吸声装置打开和关闭时，房间的噪声评价数 NR 是否改变？为什么？

1.10 实验十 噪声源声功率级混响室测量

1. 实验目的

掌握基于声压测量的噪声源声功率级混响室测定。

2. 实验原理

声功率是指单位时间内通过某一面积的声能，单位为瓦（W），用来描述声源的辐射强度。

声功率由下式计算：

$$W=\frac{1}{T}\int_{S}\mathrm{d}S\int_{0}^{T}pu\,\mathrm{d}t \qquad (1\text{-}66)$$

式中 p——声压均方根值，Pa；

u——质点振速，m/s；

S——面积，m²；

t——时间，s；

T——周期的整数倍，或长到不影响计算结果的时间，s。

在自由平面波或球面上，通过面积 S_0 的平均声功率（时间平均）为：

$$W=\frac{p^2S_0\cos\theta}{2\rho c} \qquad (1\text{-}67)$$

式中 ρ——介质密度，kg/m³；

c——介质中声速，m/s；

θ——面积 S 的法线与波法线所成角度。

声功率级用声源辐射的声功率与基准声功率之比取 10 为底的对数的 10 倍，符号为 L_W，单位为分贝（dB），可由下式计算：

$$L_W=10\lg\frac{W}{W_0} \qquad (1\text{-}68)$$

式中 W_0——基准声功率，$W_0=10^{-12}$W。

则式（1-68）可改写为：

$$L_W=10\lg\frac{W}{W_0}=10\lg W+120 \qquad (1\text{-}69)$$

测定噪声源设备声功率级精密法（1级），包括混响室法、（全）消声室法和半消声室法。实验采用测定噪声源设备声功率级方法为基于声压测量的混响室精密法中的直接法。直接法是指通过测量房间等效吸声面积获得噪声源声功率级的一种测定方法。

声源在混响室内稳定发声时，混响室内声场可以分为直达声场和混响声场两个部分。根据混响室声学特性，除距声源较近范围及离开壁面半波长以内的区域，混响室内其他区域都可近似看作声能密度处处相等的完全扩散声场。实验中，将测点布置在完全扩散声场区域，测点声压确定后，声源总功率可由下式计算：

$$W=\frac{S\bar{\alpha}p^2}{4\rho c} \qquad (1\text{-}70)$$

式中 S——房间表面积，m²；

$\bar{\alpha}$——房间平均吸声系数；

p——测点处瞬时声压，Pa；

ρc——媒质特性阻抗，N·s/m³。

当取 $\rho c=400$ 时，声功率级（L_w）为：

$$L_w=\bar{L}_p+10\lg(S\bar{\alpha})-6 \qquad (1\text{-}71)$$

式中　$\bar{L}_p$——传声器位置的平均声压级，单位为分贝(dB)，对于噪声源位置固定情况下，可由下式计算：

$$\bar{L}_p = 10\lg\left[\frac{1}{N}\sum_{i=1}^{N}10^{0.1L_{pi}}\right] - K_1 \quad (1\text{-}72)$$

式中　L_{pi}——第 i（$i=1,2,\cdots\cdots,N$）个测点的声压级，dB；

K_1——背景噪声修正，dB；背景噪声修正 K_1 按式（1-75）计算。

确定室内平均声压级和混响室的等效吸声面积后，噪声源声功率级可由下式计算：

$$L_W = \bar{L}_p + \left\{10\lg\frac{A}{A_0} + 4.34\frac{A}{S} + 10\lg\left(1+\frac{Sc}{8Vf}\right) - 25\lg\left[\frac{427}{400}\sqrt{\frac{273}{273+B}\cdot\frac{P}{P_0}}\right] - 6\right\} \quad (1\text{-}73)$$

式中　A——室内等效吸声面积，m^2（$A_0 = 1\ m^2$），按式（1-74）计算；

S——混响室总表面积，m^2；

V——混响室容积，m^3；

f——测量频程的中心频率，Hz；

c——温度为 B 时的声速，$c = 20.05\sqrt{273+B}$，m/s；

B——温度，℃；

P——大气压，kPa，其中标准大气压 $P_0 = 101.325$ kPa。

不同频率的房间等效吸声面积 A，可由赛宾（Sabine）公式计算：

$$A = \frac{55.3}{c}\left(\frac{V}{T_{60}}\right) \quad (1\text{-}74)$$

式中　A——房间的等效吸声面积，m^2；

T_{60}——给定频程的混响时间，s；

V——房间容积，m^3；

c——温度为 B 时的声速，$c = 20.05\sqrt{273+B}$，m/s。

3. 实验设备与器件

（1）声学测量软件平台；

（2）传声器（精度 1 型）；

（3）数据采集仪；

（4）声校准器；

（5）待测噪声源。

4. 实验步骤

1）实验线路图

将实验设备按图 1-29 所示连接，接通数据采集仪电源，打开测量软件。应注意，在测量装置未全部连接完成前，测量系统不应通电。开始测量之前，被测噪声源应按照要求稳定运行一段时间。

2）噪声源

（1）噪声源布置

在混响室内，被测噪声源置于混响室中相对于边界面的一个或多个典型安装位置。通常声源置于混响室地面，距离任何反射面或障碍物至少 1.5 m。若必须有两个或多个噪声源位置时，不同位置之间的距离大于或等于测量频段内最低频率的半波长，且安装于混响室矩形地面上的不对称位置处（表 1-8）。

若测量频段下限频率为 100 Hz，其半波长约为 1.7 m。被测噪声源置于混响室地面不对称位置处，且距离任一墙面或扩散体距离至少为 1.7 m。

如图 1-30 所示，d_1、d_2、d_3 和 d_4 都应满足大于 1.7 m 的条件。

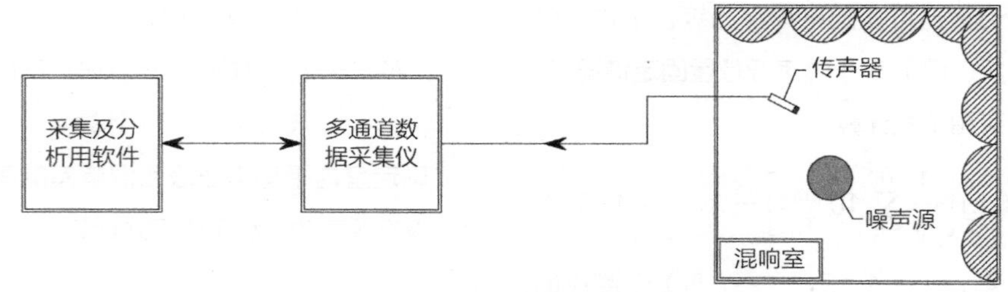

图 1-29 实验线路连接示意图

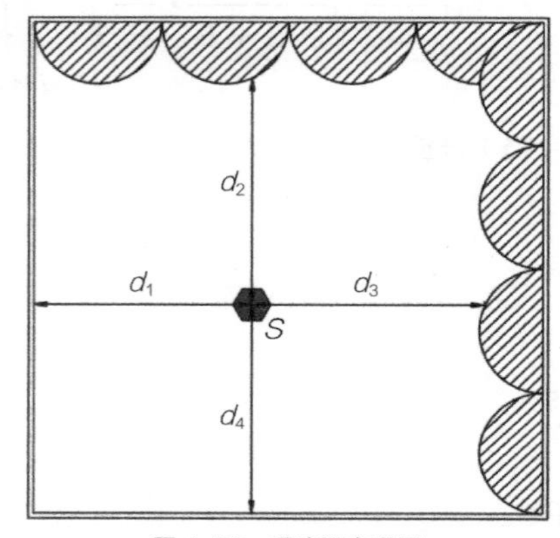

图 1-30 噪声源布置图

一般情况下，声功率辐射与被测噪声源的支撑和安装条件有关。因此，测量过程中应使用或尽量贴近被测噪声源设备的实际工况。若无法按照实际工况进行安装时，应采取一定的措施来降低固定噪声源设施的结构辐射，以避免引起噪声源的二次辐射。

表 1-8 噪声源种类及安装要求

被测噪声源种类	安装要求
手持机械和设备	由手把持或控制，在实际测量过程中应尽量模拟实际工况，所使用夹持设备可看作为被测噪声源的一部分
基础安装和墙上安装的机器和设备	类似的机器和设备置于硬反射（声学上“硬”）平面（地面或墙）上；专门安装在墙前面的基础安装的机器，应安装在声学上为“硬”的墙前面的“硬”地面上；需要使用桌台等辅助设备安装时，桌台可置于地面上，距离任何墙面至少 1.5 m，且设备置于桌顶面的中心

（2）噪声源运行

在测量特定类型的设备时，噪声源按照规定的要求运行。若无明确要求，噪声源尽量选择下列运行条件中的一种或几种：

① 规定负载及运行条件；

② 满负载（不同于上述①）；

③ 无负载（不工作情况）；

④ 代表正常使用情况下，出现最大声时的运行条件；

⑤ 详细规定条件下模拟负载运行时。

3）测点布置

根据实验原理中所述，测点布置在完全扩散声场区域。若无特殊要求，传声器距离噪声源（声中心）距离大于 1 m，测点布置数 3 ~ 8 个，通常布置 6 个测点即可满足测试需求。测点在水平和垂直方向上的布置示意图，如图 1-31 所示。

将 6 个传声器布置在测点 N_1、N_2、N_3、N_4、N_5 和 N_6 进行测量时，要求距离声源中心的水平距离均为 1.0 m，离地高度为 1.3 m + r_c 或为 0.8 m + r_c，其中 r_c 为声源距离地面的高度，若无特殊要求 r_c 一般取 0。传声器通常不直接指向噪声源，在测点处垂直布置即可。

4）参数设置

设置存储路径及项目管理，设定采样率及采样点数，对各通道传声器灵敏度进行校准。被测房间内的环境参数，包括温度（℃）、湿度 *RH*（%）及大气压（Pa）。

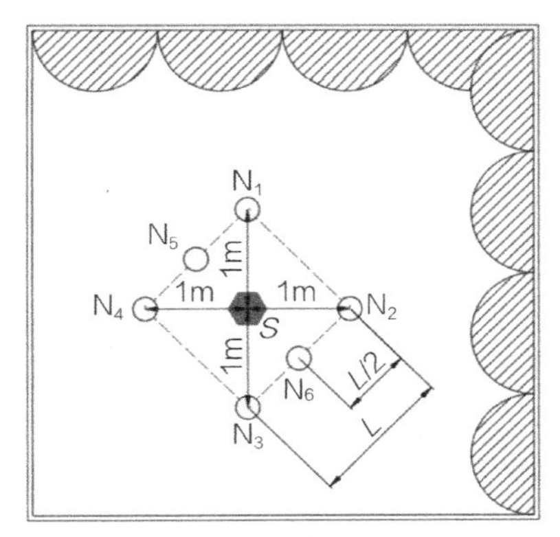

测点水平布置图

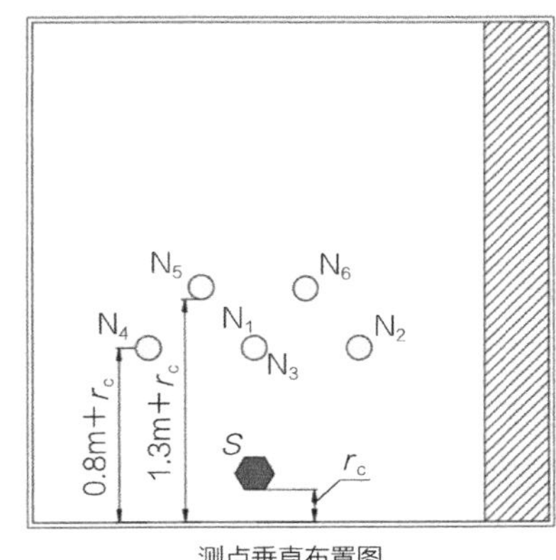

测点垂直布置图

图 1-31　测点布置图

5）等效吸声面积 A 测量

噪声源设备安装完成后，通过测量混响室内混响时间获得等效吸声面积 A，具体计算方法见式（1-74）。

6）背景噪声修正

背景噪声修正值 K_1 可由下式计算：

$$K_1 = -10\lg(1 - 10^{-0.1\Delta L}) \quad (1\text{-}75)$$

式中　$\Delta L = \bar{L}'_p - \bar{L}''_p$，其中 $\bar{L}'_p$ 是指被测噪声源稳定运行时，在给定频程范围内所有测点的（计权）平均声压级值，dB；$\bar{L}''_p$ 是指被测声源测量停止后立即测量的，在给定频程范围内所有测点的背景噪声（计权）平均声压级值，dB。

当 10 dB ≤ ΔL ≤ 15 dB 时，按上式修正；若 ΔL > 15 dB，则无需修正。

7）数据记录

声压级采用 1/3 倍频程测量时，至少包含以下 18 个中心频率（单位为 Hz）：

100	125	160	200	250	315
400	500	630	800	1000	1250
1600	2000	2500	3150	4000	5000

记录 A 计权声级各频带声功率级数据，且对计算所得声功率级 L_W 数据取平均之前，应先观察所记录数据，若有异常数据应予以删除。

5. 实验报告要求

实验报告应包含以下内容：

（1）测量人员姓名和测量日期；

（2）测量所使用的测量仪器及测量框图；

（3）混响室的形状，以及传声器和噪声源的位置数；

（4）混响室表面积 S 及容积 V；

（5）混响室的环境参数，包括温度（℃）、湿度 RH（%）及大气压（Pa）；

（6）对被测声源的详细描述，包括尺寸，运行条件，安装条件等；

（7）记录各个频程的 A 计权声功率级 L_W，并以图表形式进行呈现；图形中各数据点应用直线连接，横坐标以对数刻度表示频率，纵坐标以线性刻度表示声功率级数值；

（8）被测噪声源的 A 计权声功率级值在报告中的修约间隔为 0.5 dB。

6. 思考题

测量噪声源声功率级时，如何布置测点？

1.11 实验十一 噪声源声功率级消声室测量

1. 实验目的

掌握基于声压测量的噪声源声功率级消声室测定。

2. 实验原理

测量噪声源声功率级，除了可以通过消声室实现外，也可以在半消声室，以及满足自由场条件的室内或户外，但准确度有所不同，一般可以分为：精密法（1级）、工程法（2级）和简易法（3级）。在消声室及半消声室中测量噪声源声功率级为精密法（1级）。

消声室中测量噪声源声功率级 L_W 是通过计算球面（或半球面）上表面声压级 $\bar{L}_{pf}$ 得到。对于固定传声器位置情况下，计算表面声压级可以分为面元面积相等和面元面积不相等两种。

当各传声器位置在测量表面占有面积相等时，表面声压级 $\bar{L}_{pf}$ 可由式（1-76）计算：

$$\bar{L}_{pf}=10\lg\left(\frac{1}{N}\sum_{i=1}^{N}10^{0.1L_{pi}}\right) \quad (1-76)$$

式中 $\bar{L}_{pf}$——表面声压级，dB；

L_{pi}——在第 i 个传声器位置测得并经背景噪声修正的声压级，dB；

N——传声器位置数。

当各传声器位置在测量表面上占有的面积不等时，表面声压级 $\bar{L}_{pf}$ 可由下式计算：

$$\bar{L}_{pf}=10\lg\left(\frac{1}{S}\sum_{i=1}^{N}S_i\times10^{0.1L_{pi}}\right) \quad (1-77)$$

式中 $\bar{L}_{pf}$——表面声压级，dB；

L_{pi}——在第 i 个传声器位置测得并经背景噪声修正的声压级，dB；

S_i——第 i 个传声器位置在球面（或半球面）上占有的面积，m²；

S——测量面的总表面积，$S=\sum_{i=1}^{N}S_i$，m²；

N——传声器位置数。

在自由声场中，噪声源声功率级可由式（1-78）计算：

$$L_W=\bar{L}_p+10\lg\left(\frac{S}{S_0}\right)+C_1+C_2 \quad (1-78)$$

式中 $\bar{L}_p$——被测声源测量面时间平均声压级，dB；

S——测试面面积，m²；

S_0——参考面积，$S_0=1\ \mathrm{m^2}$；

C_1、C_2——修正值，单位为分贝（dB），具体见式（1-79）、式（1-80）。

$$C_1=-10\lg\left[\frac{P}{P_0}\right]+5\lg\left[\frac{313.5}{273.15+t}\right] \quad (1-79)$$

$$C_2=-10\lg\left[\frac{P}{P_0}\right]+15\lg\left[\frac{296.15}{273.15+t}\right] \quad (1-80)$$

式中 P——大气压，kPa，其中标准大气压 $P_0=101.325$ kPa；

t——测量时环境温度，℃。

3. 实验设备与器件

（1）声学测量软件平台；

（2）传声器（精度1型）；

（3）数据采集仪；

（4）声校准器；

（5）待测噪声源。

4. 实验步骤

1）实验线路图

将实验设备按图1-32所示连接，接通数据采集仪电源，打开测量软件。应注意，在测量装置未全部连接完成前，测量系统不应通电。测量开始前应保证噪声源稳定运行一段时间。

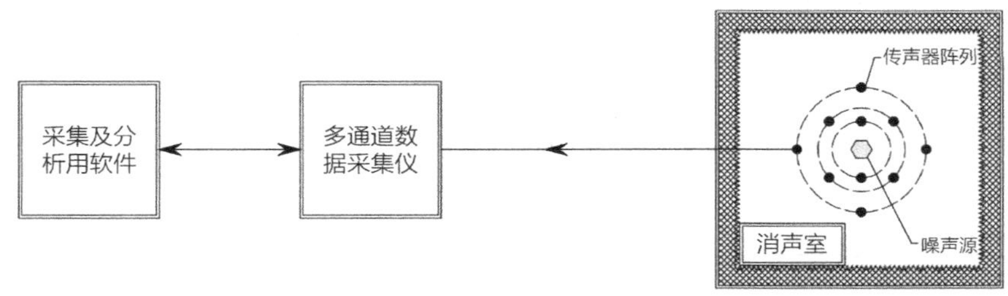

图 1-32　实验线路连接示意图

2）噪声源

（1）噪声源布置

一般情况下，声功率辐射与被测噪声源的支撑和安装条件有关。在安装被测噪声源时，若该设备有典型的安装条件，应使用或模拟该条件。所采用的安装设施，应尽可能地避免噪声源输出的变化，必要时可采取一定的措施（表 1-9）。

表 1-9　噪声源种类及安装要求

被测噪声源种类	安装要求
手持机械和设备	由手把持或控制，在实际测量过程中应尽量模拟实际工况，所使用夹持设备可看作为被测噪声源的一部分
基础安装和墙上安装的机器和设备	类似的机器和设备置于硬反射（声学上"硬"）平面（地面或墙）上；专门安装在墙前面的基础安装的机器，应安装在声学上为"硬"的墙前面的"硬"地面上；需要使用桌台等辅助设备安装时，桌台可置于地面上，距离任何墙面至少 1.5 m，且设备置于桌顶面的中心

（2）噪声源运行

在测量特定类型的设备时，噪声源按照规定的要求运行。若无明确要求，噪声源尽量选择下列运行条件中的一种或几种：

① 规定负载及运行条件；

② 满负载（不同于上述①）；

③ 无负载（不工作情况）；

④ 代表正常使用情况下，出现最大声时的运行条件；

⑤ 详细规定条件下模拟负载运行时。

3）测试面

实验采用多个固定位置传声器形成测试面对噪声源声功率进行测量。消声室中使用球形测试面进行测量，半消声室中使用半球形测试面进行测量。

（1）球形测试面

在消声室中测量时，球形测试面的几何中心与被测噪声源的声中心重合，无法确定噪声源声中心时，通常以噪声源的几何中心为声中心。球形测试面半径满足表 1-10 中要求。

表 1-10　球形测试面半径要求

测量面形状	要求
球面	大于或等于噪声源最大尺寸的 2 倍
	大于或等于测量最低频率波长的 1/4 倍
	大于或等于 1 m

使用球形测试面时，在半径为 r 的球面上固定占有相等面积的 20 个测点。表 1-11 中给出了以噪声源声中心为原点的直角坐标系（x，y，z）的测点位置，如图 1-33、图 1-34 所示为球形测试面测点水平方向和垂直方向布置的示意图。

表 1-11　球形测试面测点坐标位置

测点	$\frac{x}{r}$	$\frac{y}{r}$	$\frac{z}{r}$
1	−1.00	0.00	0.05
2	0.49	−0.88	0.15
3	0.48	0.84	0.25
4	−0.47	0.81	0.35

续表

测点	$\frac{x}{r}$	$\frac{y}{r}$	$\frac{z}{r}$
5	−0.45	−0.77	0.45
6	0.84	0.00	0.55
7	0.38	0.66	0.65
8	−0.66	0.00	0.75
9	0.26	−0.46	0.85
10	0.31	0.00	0.95
11	1.00	0.00	−0.05
12	−0.49	0.86	−0.15
13	−0.48	−0.84	−0.25
14	0.47	−0.81	−0.35
15	0.45	0.77	−0.45
16	−0.84	0.00	−0.55
17	−0.38	−0.66	−0.65
18	0.66	0.00	−0.75
19	−0.26	0.46	−0.85
20	−0.31	0.00	−0.95

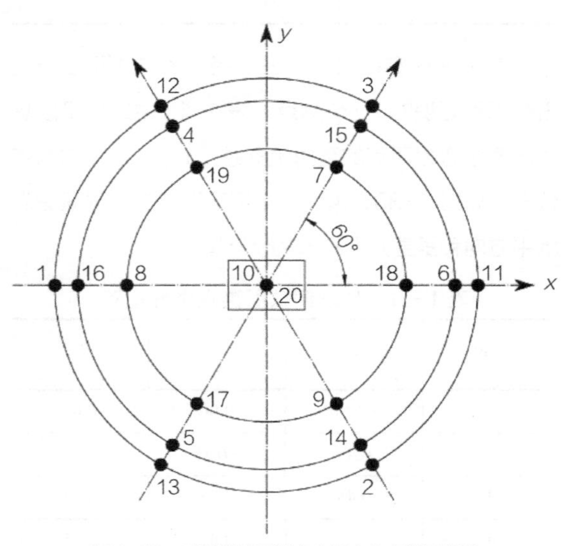

图 1-33 球形测试面测点水平方向布置示意图

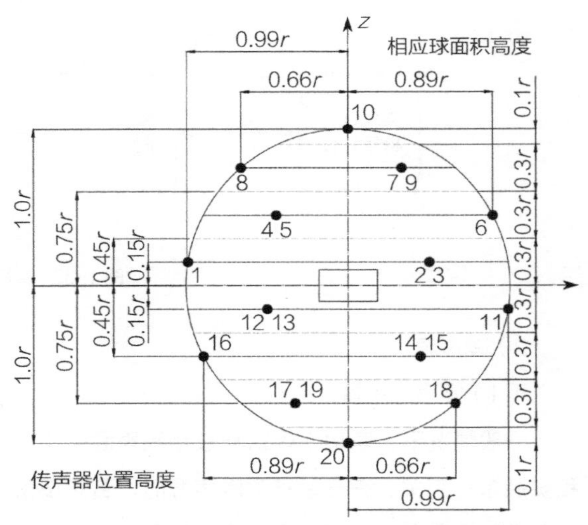

图 1-34 球形测试面测点垂直方向布置示意图

（2）半球形测试面

在半消声室中测量时，半球形测试面的中心与噪声源声中心在地面上的投影相重合。半球形测试面半径应满足表 1-12 中要求。

表 1-12 半球形测试面半径要求

测量面形状	要求
半球面	大于或等于噪声源最大尺寸的 2 倍或声源中心距反射平面距离的 3 倍（二者取较大值）
	大于或等于测量最低频率的 $\lambda/4$
	大于或等于 1 m

使用半球形测试面时，在半径为 r 的半球面上固定 20 个测点。若以噪声源声中心在反射平面上的投影为原点，测点的坐标位置（x，y，z）如表 1-13 中所示。如图 1-35、图 1-36 所示为半球形测试面测点水平和垂直方向布置的示意图。

表 1-13 半球形测试面坐标位置

测点	$\frac{x}{r}$	$\frac{y}{r}$	$\frac{z}{r}$
1	−0.99	0.00	0.15
2	0.50	−0.86	0.15

续表

测点	$\frac{x}{r}$	$\frac{y}{r}$	$\frac{z}{r}$
3	0.50	0.86	0.15
4	−0.45	0.77	0.45
5	−0.45	−0.77	0.45
6	0.89	0.00	0.45
7	0.33	0.57	0.75
8	−0.66	0.00	0.75
9	0.33	−0.57	0.75
10	0.00	0.00	1.00
11	0.99	0.00	0.15
12	−0.50	0.86	0.15
13	−0.50	−0.86	0.15
14	0.45	−0.77	0.45
15	0.45	0.77	0.45
16	−0.89	0.00	0.45
17	−0.33	−0.57	0.75
18	0.66	0.00	0.75
19	−0.33	0.57	0.75
20	0.00	0.00	1.00

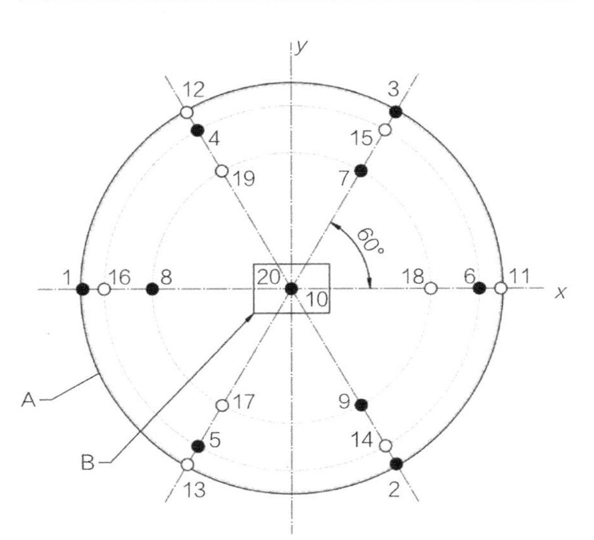

图 1-35　半球形测试面测点水平布置示意图
注：A 为测量面，B 为被测噪声源

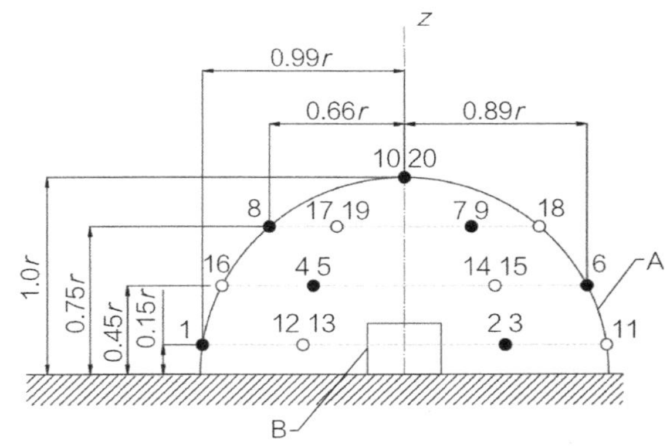

图 1-36　半球形测试面测点水平布置示意图
注：A为测量面，B为被测噪声源

噪声源的辐射特性不同，测点布置的方式也存在一定差异。除本实验中所述测点布置方法外，其他布置方式可参考《声学　声压法测定噪声源声功率级和声能量级　消声室和半消声室精密法》GB/T 6882—2016/ISO 3745：2012 及《声学　声压法测定噪声源声功率级和声能量级　反射面上方近似自由场的工程法》GB/T 3767—2016/ISO 3744：2010。

4）参数设置

设置存储路径及项目管理，设定采样率及采样点数，对各通道传声器灵敏度进行校准。记录被测房间内的环境参数，包括温度（℃）、湿度 RH（%）及大气压（Pa）。

5）数据记录

声压级采用 1/3 倍频程测量时，至少包含以下 18 个中心频率（单位为 Hz）：

100	125	160	200	250	315
400	500	630	800	1000	1250
1600	2000	2500	3150	4000	5000

记录 A 计权声级各频程声功率级数据，且对计算所得声功率级 L_W 数据取平均之前，应先观察所记录数据，若有异常数据应予以删除。

6）A 计权声功率级

按式（1-81）计算 A 计权声功率级 L_{WA}：

$$L_{WA} = 10\lg \sum_{j=j_{min}}^{j_{max}} 10^{0.1(L_{w,j}+C_j)} \quad (1-81)$$

式中 $L_{w,j}$——在第 j 个 1/3 倍频程的声功率级，dB；

j、C_j——由表 1-14 给出；

j_{min}——从表 1-14 得到的代表最低测量频程的 j 的值；

j_{max}——从表 1-14 得到的代表最高测量频程的 j 的值。

表 1-14 倍频程中心频率处的 j 值和 C_j 值

j	1/3 倍频程中心频率 /Hz	C_j/dB	j	1/3 倍频程中心频率 /Hz	C_j/dB
1	50	− 30.2*	13	800	− 0.8
2	63	− 26.2*	14	1000	− 0.0
3	80	− 22.5*	15	1250	0.6
4	100	− 19.1	16	1600	1.0
5	125	− 16.1	17	2000	1.2
6	160	− 13.4	18	2500	1.3
7	200	− 10.9	19	3150	1.2
8	250	− 8.6	20	4000	1.0
9	315	− 6.6	21	5000	0.5
10	400	− 4.8	22	6300	− 0.1
11	500	− 3.2	23	8000	− 1.1
12	630	− 1.9	24	10 000	− 2.5

注：标注“*”的 C_j 值，仅适用于测试室和仪器满足该测试频率范围。

5. 实验报告要求

实验报告应包含以下内容：

（1）测量人员姓名和测量日期；

（2）测量所使用的测量仪器及测量框图；

（3）消声室的形状，以及传声器和噪声源的位置数；

（4）消声室表面积 S，以及容积 V；

（5）消声室的环境参数，包括温度（℃）、湿度 RH（%）及大气压（Pa）；

（6）对被测声源的详细描述，包括尺寸、运行条件、安装条件等；

（7）记录各个频程的 A 计权测量面时间平均声压级 $\overline{L}_p$；

（8）记录各个频程的 A 计权声功率级 L_W，修约间隔为 0.5 dB，并以图表形式进行呈现；图形中各数据点应用直线连接，横坐标以对数刻度表示频率，纵坐标以线性刻度表示声功率级数值。

6. 思考题

除了使用球形测试面和半球形测试面，还可以使用何种形状的测试面？如何布置测点？

1.12 实验十二 消声室中设备噪声时频分析

1. 实验目的

了解噪声设备频谱特性，掌握设备噪声时频分析方法。

2. 实验原理

傅里叶变换（FFT）是将时域信号 $f(t)$ 和频域信号 $F(\omega)$ 联系起来的桥梁。时域信号利用傅里叶变换转变为频域信号，该过程称为傅里叶变换；反之，则称为傅里叶逆变换。傅里叶变换及逆变换公式分别如式（1-82）、式（1-83）所示：

$$F(\omega) = \int_{-\infty}^{\infty} f(t)\, e^{-i\omega t} dt \quad (1-82)$$

$$f(t) = \frac{1}{2\pi}\int_{-\infty}^{\infty} F(\omega)\, e^{i\omega t} d\omega \quad (1-83)$$

例如，对于信号 $S(t) = \sin(2\pi 50t)$，其时幅信号如图 1-37 所示。

对信号 $S(t)$ 进行傅里叶变换，可得信号的幅频图如图 1-38 所示。

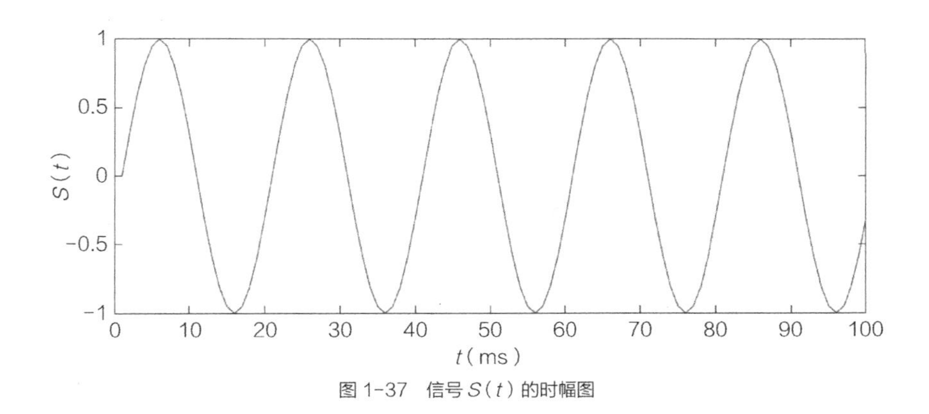

图 1-37　信号 $S(t)$ 的时幅图

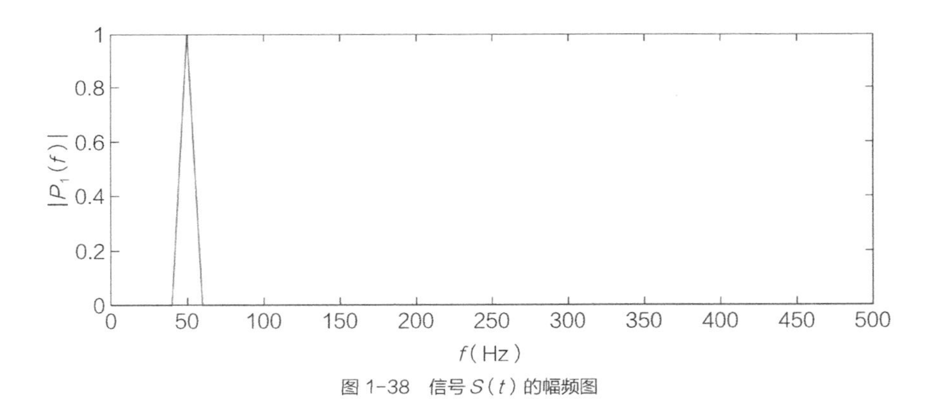

图 1-38　信号 $S(t)$ 的幅频图

对于时域信号 $S(t)$，其频率 $f=50$（Hz），因此该信号为单频信号。由图 1-38 可知，在频率为 50 Hz 时出现峰值，其余地方则为 0。在单频信号 $S(t)$上加入一个随机噪声信号后，时域图和频域图，如图 1-39、图 1-40 所示。由频域图 1-40 可知，加入随机噪声信号后变为多频率混叠信号。

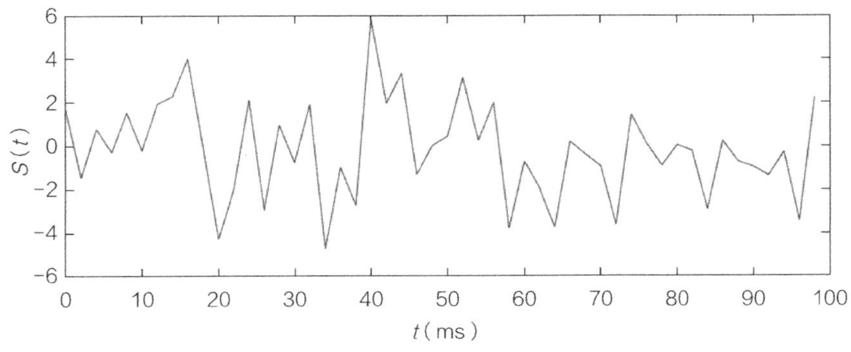

图 1-39　加入随机噪声信号后时域图

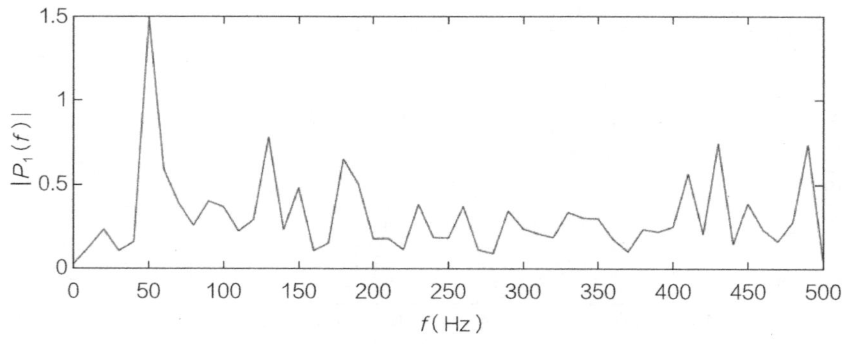

图 1-40 加入随机噪声信号后频域图

在声学测量过程中，传声器记录的声压信号为时域信号，经过傅里叶变换后成为频域声压幅值信号。若先对信号按照某一频程（倍频程、1/3 倍频程、1/8 倍频程或其他频程）进行滤波，便可得到常用于分析噪声源特性的频谱图。

噪声设备的噪声源的时频分布图可以反映噪声源的频率、幅度、谐波和相位等特性，为噪声源的分析和处理提供了重要的信息。实验室测量时，为更好地获得噪声设备运行时辐射声能的时频特性，通常在自由场（消声室）中进行。

3. 实验设备及器件

（1）传声器（精度 1 型）；

（2）数据采集仪；

（3）声校准器；

（4）待测设备。

4. 实验步骤

1）实验线路图

将实验设备按图 1-41 所示连接，接通数据采集仪电源，打开测量软件。应注意，在测量装置未全部连接完成前，测量系统不应通电。测量开始前应保证被测噪声源稳定运行一段时间。

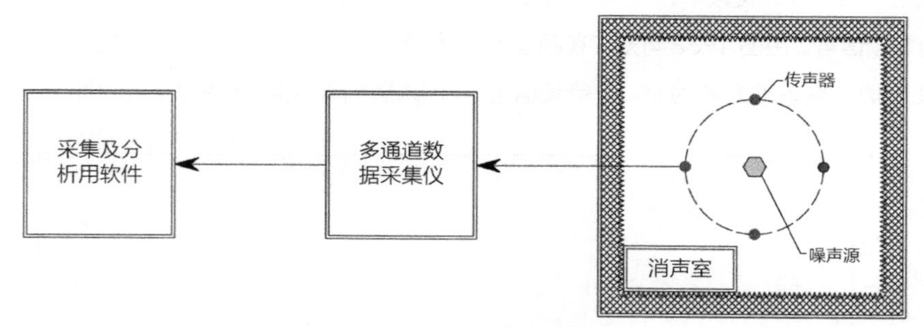

图 1-41 实验线路连接示意图

2）噪声源

（1）噪声源布置

测量过程中应使用或尽量贴近被测噪声源设备的实际工况。固定噪声源设备所采用的辅助实验支撑装置，应尽可能避免噪声源输出的变化。一般情况下，噪声源应位于消声室中心位置，且保证距离消声室底面 1 m 以上。

（2）噪声源运行

在测量特定类型的设备时，噪声源按照规定的要求运行。若无明确要求，噪声源尽量选择下列运行条件中的一种或几种：

① 规定负载及运行条件；

② 满负载（不同于上述①）；

③ 无负载（不工作情况）；

④ 代表正常使用情况下，出现最大声时的运行条件；

⑤ 详细规定条件下模拟负载运行时。

3）测点布置

对于噪声设备无明显指向性时，测点可均匀布置在被测噪声设备的四周。距离噪声设备声中心 1 m 以上，若声中心无法确定时，则以设备的几何中心为准，如图 1-42（a）所示。对于有明显指向性的声源，以声中心所在水平方向为基准平面，以 30°（必要时可更小）均匀布置测点，距离噪声设备声中心 1 m 以上，若声中心无法确定时则以设备的几何中心为准，如图 1-42（b）所示。

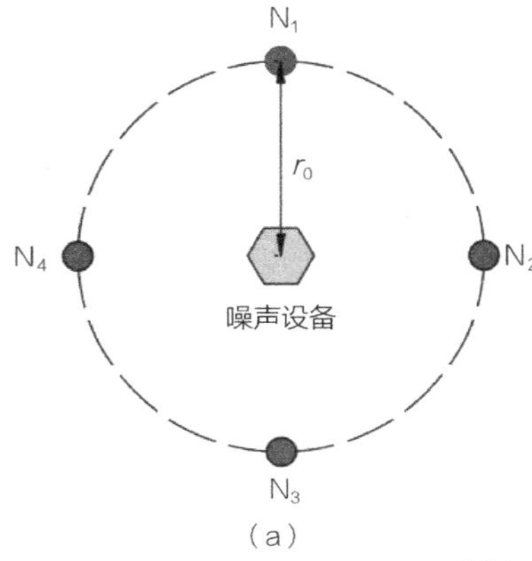

（a）

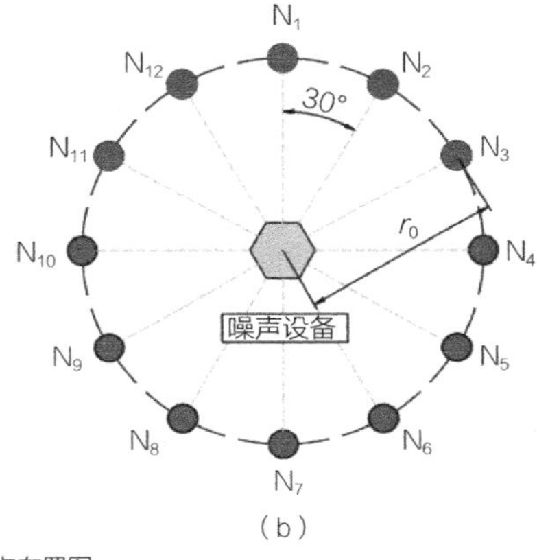

（b）

图 1-42　测点布置图

4）数据记录

记录开始之前应设置采样率，一般设置为 44 100 Hz。声源稳定发声后，记录被测噪声设备的辐射声压时域信号文件，记录时间为 10 ~ 30 s，若需要可适当延长记录时间。使用带有 *FFT* 功能的记录仪将所记录声压时域信号转换为频域信号。

如图 1-43 所示，在记录界面中使用光标确定起始时间和截止时间，将时间段内的声压幅值信号进行傅里叶变换，得到图中下方所示频率幅值信号。将所得频域信号进行频率分析后，便可得到该时间段内各频率的能量分布情况，如图 1-44 所示；将所得频域信号进行幅值分析后，可得均方根（*RMS* 常用于描述选定区域内信号整体的能量大小）、最大声压级值 L_{MAX}、最小声压级值 L_{MIN} 和声压峰峰值（$p-p$）。

5. 实验报告要求

（1）测量人员姓名和测量日期；

（2）测量所使用的测量仪器及测量框图；

（3）消声室的形状，以及传声器和噪声源的位置数；

（4）消声室表面积 *S*，以及容积 *V*；

（5）消声室的环境参数，包括温度（℃）、湿度 *RH*（%）及大气压（Pa）；

（6）对被测声源的详细描述，包括尺寸、运行条件、安装条件等；

（7）噪声设备的录音文件；

（8）噪声设备时幅及频幅图；

（9）给出选定分析区间内的幅值分析结果，包括均方根（*RMS*）、最大声压级值 L_{MAX}、最小声压级值 L_{MIN} 和声压峰峰值（$p-p$）。

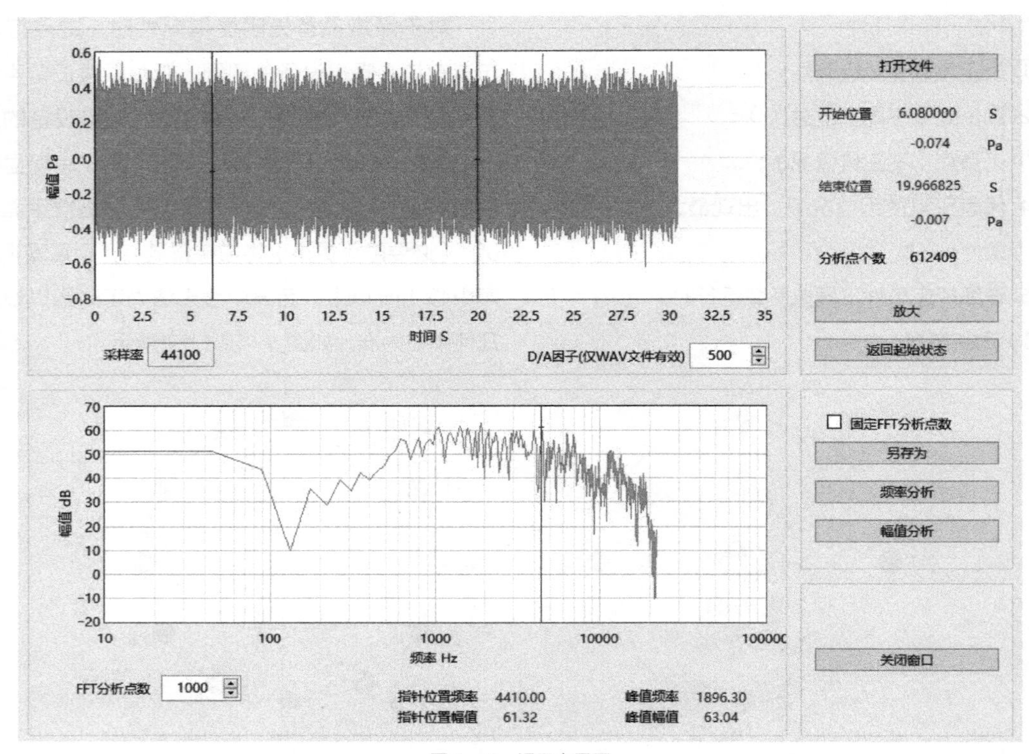

图 1-43 记录主界面

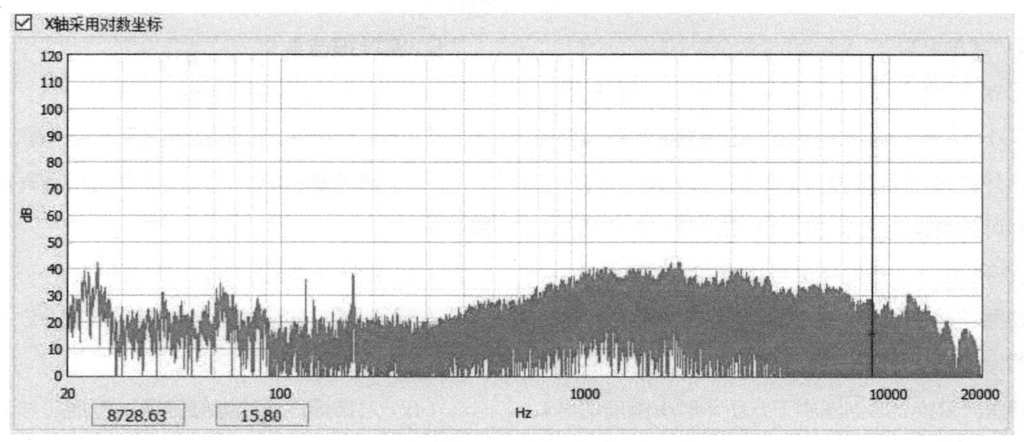

图 1-44 幅频信号

6. 思考题

分析噪声设备的辐射声能主要集中在哪些频段?

1.13　实验十三　消声器静态传递损失现场测量

1. 实验目的

了解消声器作用原理，掌握消声器（静态）消声量的现场测量方法。

2. 实验原理

消声器是一种兼具通流和降噪功能的声学装置，在噪声控制工程中得到广泛应用，如空调管道系统消声器、风机消声器、内燃机消声器，以及其他既需要通流又需要降噪的设备或场所。消声器大致可分为阻性消声器、抗性消声器、阻抗复合式消声器、微穿孔板消声器和有源消声器等。消声量是用来评价消声器降噪性能的声学参数，具体声学指标一般包括传递损失 D_t、插入损失 D_i、传递声压级差 D_{tp} 和插入声压级差 D_{ip}。

1）传递损失 D_t

传递损失是指入射声功率级和通过消声器传递的声功率级之差，用符号 D_t 表示，单位为分贝（dB），可由下式计算：

$$D_t = L_{W1} - L_{W2} \tag{1-84}$$

式中　L_{W1}——入射到消声器的声功率级，dB；

L_{W2}——消声器后传递到相连的管道、房间或传入自由空间的声功率级，dB。

入射声功率 L_{W1} 可由式（1-85）计算：

$$L_{W1} = \overline{L_{p1}} + 10\lg\left(\frac{S_1}{S_0}\right) + K_1 \tag{1-85}$$

式中　$\overline{L_{p1}}$——消声器声源端平均声压级，dB；由公式（1-89）确定；

S_1——消声器声源端的测量面面积，m²；

S_0——参考面积，$S_0 = 1\ m^2$；

K_1——修正值，dB；由测量场所决定，详见《声学　消声器现场测量》GB/T 19512—2004/ISO 11820：1996附录A。

消声器出口端声功率 L_{W2} 可由式（1-86）计算：

$$L_{W2} = \overline{L_{p2}} + 10\lg\left(\frac{S_2}{S_0}\right) + K_2 \tag{1-86}$$

式中　$\overline{L_{p2}}$——消声器出口端平均声压级，dB；由公式（1-90）确定；

S_2——消声器出口端的测量面面积，m²；

K_2——修正值，dB；由测量场所决定，详见《声学　消声器现场测量》GB/T 19512—2004/ISO 11820：1996附录A。

2）插入损失 D_i

插入损失是指安装消声器前后管道出口端辐射噪声的声功率级的差值，用符号 D_i 表示，单位为分贝（dB），可由下式计算：

$$D_i = L_{W\text{I}} - L_{W\text{II}} \tag{1-87}$$

式中　$L_{W\text{I}}$——消声器安装前的声功率级，dB；

$L_{W\text{II}}$——消声器安装后的声功率级，dB。

$L_{W\text{I}}$、$L_{W\text{II}}$ 可参考式（1-85）和式（1-86）计算。

3）传递声压级差 D_{tp}

传递声压级差是指消声器声源端面测得的平均声压级与出口端面测得的平均声压级之差，用符号 D_{tp} 表示，单位为分贝（dB），可由下式计算：

$$D_{tp} = \overline{L_{p1}} - \overline{L_{p2}} \tag{1-88}$$

式中，消声器声源端平均声压级 $\overline{L_{p1}}$ 可由式（1-89）计算：

$$\overline{L_{p1}} = 10\lg\left[\frac{1}{N}\sum_{j=1}^{N} 10^{\frac{L_{pj}}{10}}\right] \tag{1-89}$$

式中　L_{pj}——消声器声源端第 j 个测点的声压级，dB；

N——测点数量。

消声器出口端平均声压级 $\overline{L_{p2}}$ 可由式（1-90）

计算:

$$\overline{L_{p2}} = 10\lg\left[\frac{1}{N}\sum_{k=1}^{N}10^{\frac{L_{pk}}{10}}\right] \quad (1\text{-}90)$$

式中 L_{pk}——消声器出口端第 k 个测点的声压级，dB;

N——测点数量。

4）插入声压级差 D_{ip}

插入声压级差是指安装消声器前后在同一点测得的声压级差值或同一小块面积得到的平均声压级差，用符号 D_{ip} 表示，单位为分贝（dB），可由下式计算:

$$D_{ip} = L_{p\mathrm{II}} - L_{p\mathrm{I}} \quad (1\text{-}91)$$

式中 $L_{p\mathrm{II}}$——安装消声器前，在一点测得的声压级或是一小块面积测得的声源的平均声压级，dB;

$L_{p\mathrm{I}}$——安装消声器后，在相同测点所测的平均声压级，dB。

此外，按照有无气流通过消声器，消声量可以分为静态消声量和动态消声量两种。如图 1-45 所示，本实验测量用消声器为阻性消声器，测量过程中无气流通过消声器，消声器已完成安装且无法拆卸。本实验现场测量消声器的声学指标为传递损失 D_t，以及传递声压级差 D_{tp}。

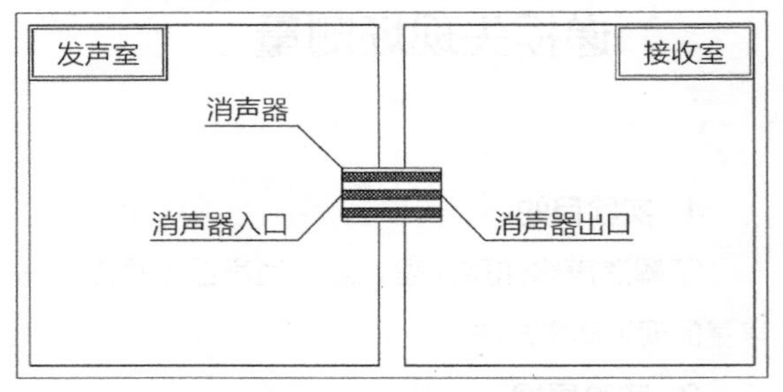

图 1-45 消声器安装及结构示意图

3. 实验设备与器件

（1）声级计（精度 1 级）;

（2）无指向性声源;

（3）测试信号源;

（4）温湿度、气压计;

（5）消声器。

4. 实验步骤

将设备连接完成，且声源稳定发声后，在所布测点上，使用声级计同时测量消声器入口端及出口端声压级数据。

1）实验线路图

将实验设备按图 1-46 所示连接，测量用设备安装完毕后，接通功放电源（功放应处于“零增益”状态）。

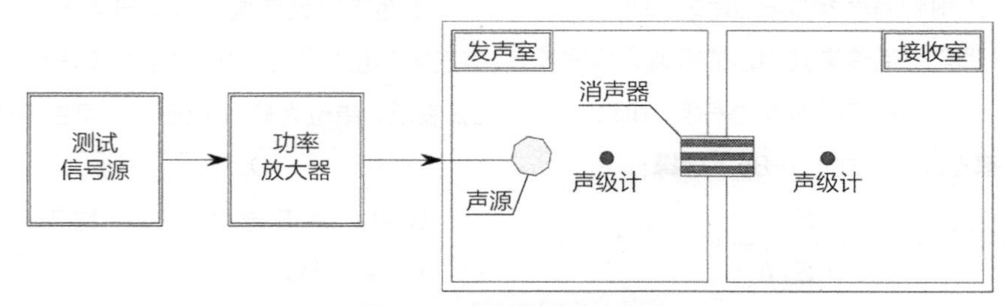

图 1-46 实验线路连接示意图

2）声源及测点布置

（1）声源布置

使用无指向性声源（如球面声源），声源位置选择在发声室内中心处或靠近墙角位置，距离地面 1.5 m。测试信号使用白噪声或粉红噪声。

（2）测点布置

当房间的长和高之比或宽和高之比小于 3 : 1，且房间表面吸声量较少时，在整个房间内均匀布置测点，至少布置 3 个。否则，测点位置选择可以包络消声器开口表面或部分包络消声器，包络面可以是球面或柱面的一部分，如图 1-47 所示，也可以是长方体形状，如图 1-48 所示。

测点位置距离房间的声源、墙壁和消声器的开口处大于 0.5 m，最好能大于 1 m。

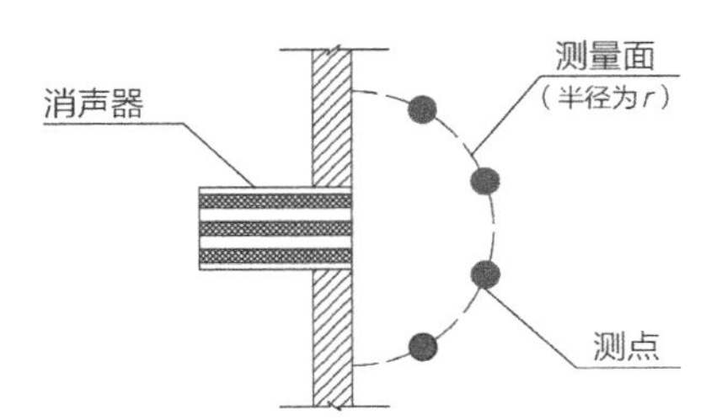

图 1-47　消声器前端的球形测量表面

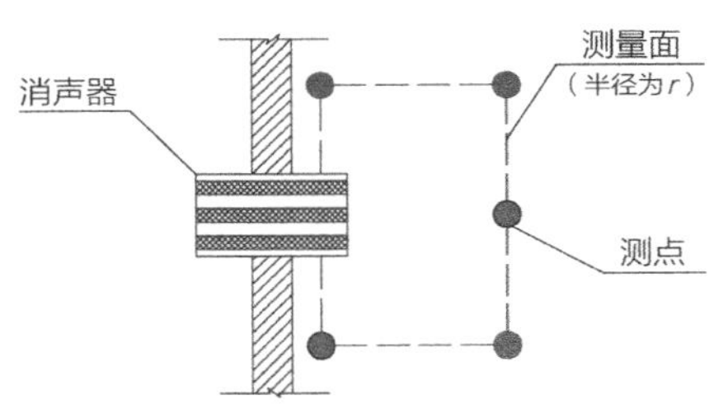

图 1-48　消声器前端的长方体测量表面

3）参数设置

将测试用信号源设定为白噪声，调整声源声压级至合适大小。输入测量前后发声室及接收室的环境参数，包括温度（℃）、湿度 *RH*（%）及大气压（Pa）。

4）数据记录

记录中心频率为 63 Hz 至 4 kHz 的倍频程声压级（若需要，也可以从 31.5 Hz 至 8 kHz）或中心频率为 50 Hz 至 5 kHz 的 1/3 倍频程声压级（若需要，也可以从 25 Hz 至 10 kHz）。

对测量所得声压级数据取平均之前，应先观察所记录数据，若有异常数据应予以删除。

5）背景噪声修正

声源开启后接收室内测得声压级与背景噪声之间差值最好大于 10 dB，最小不得小于 3 dB，否则测试数据无效。差值在 3 ~ 10 dB 之间时，按表 1-15 进行修正。

表 1-15　接收室内背景噪声修正值

差值 /dB	<3	3	4	5	6	7	8	9	10	>10
修正值 /dB	无效	3	2	2	1	1	1	0.5	0.5	0

5. 实验报告要求

（1）测量人员姓名和测量日期；

（2）测量所使用的测量仪器及测量框图；

（3）发声室及接收室的形状，以及测点和声源位置数；

（4）发声室及接收室的环境参数，包括温度（℃）、湿度 *RH*（%）及大气压（Pa）；

（5）消声器类型，入口、出口尺寸和消声器长度等；

（6）声源的运行条件；

（7）给出消声器传递损失 D_t、采用的修正值差 $K_2 - K_1$ 和传递声压级差 D_{tp}。

6. 思考题

影响阻性消声器传递损失 D_t 和传递声压级差 D_{tp} 的因素有哪些?

1.14　实验十四　楼板撞击声现场测量

1. 实验目的

掌握楼板撞击声现场测量方法。

2. 实验原理

撞击声是指在建筑结构上撞击而引起的噪声，如脚步声等。在《民用建筑隔声设计规范》GB 50118—

2010 中，规定了卧室、起居室（厅）的分户楼板的撞击声隔声性能，详见表 1-16。

表 1-16　分户楼板撞击声隔声标准

构件名称	撞击声隔声单值评价量 /dB	
卧室、起居室（厅）的分户楼板	计权规范化撞击声压级 $L_{n,w}$（实验室测量）	< 75
	计权标准化撞击声压级 $L'_{nT,w}$（现场测量）	$\leqslant 75$

当有特殊要求时，表中评价量也可放宽至 85 dB，但在楼板结构上应预留改善的可能条件。对于高要求住宅卧室、起居室（厅）的分户楼板撞击声，表中计权规范化撞击声压级 $L_{n,w}$（实验室测量）< 65 dB；计权标准化撞击声压级 $L'_{nT,w}$（现场测量）$\leqslant 65$ dB。

楼板撞击声的现场测量中，使用撞击器（也称为打击器）为撞击源，如图 1-49 所示。选择能够接收到撞击噪声辐射的房间为接收室，撞击源所在房间称为声源室。通过接收室内测得的经过修正的声压级值来评价楼板的撞击声隔声性能。

图 1-49　撞击器

室内平均撞击声压级是指以撞击器为撞击源时，接收室内声压平方的空间和时间的平均值与基准声压平方之比取以 10 为底的对数乘以 10，用符号 L_i 表示，单位为分贝（dB），可按下式计算：

$$L_i = 10\lg\left(\frac{p_1^2 + p_2^2 + \cdots\cdots + p_j^2}{np_0^2}\right) \quad (1-92)$$

式中　p_j^2——接收室内 n 个不同传声器位置处的有效声压，$j = 1, 2, 3, \cdots\cdots, n$；

p_0——基准声压，$p_0 = 2.0\times10^{-5}$ Pa。

实际测量中通常以声压级作为测量对象，按能量平均的室内平均声压级可按下式计算：

$$L_i = 10\lg\left(\frac{1}{n}\sum_{j=1}^{n}10^{0.1L_j}\right) \quad (1-93)$$

式中　L_j——第 j 个传声器位置上测得的声压级值，dB。

在某个确定的撞击源位置，标准化撞击声压级 L'_{nT} 可按下式计算：

$$L'_{nT} = L_i - 10\lg\left(\frac{T}{T_0}\right) \quad (1-94)$$

式中　T——接收室混响时间，s；

T_0——基准混响时间，对于住宅，$T_0 = 0.5$ s。

规范化撞击声压级 L'_n 可按下式计算：

$$L'_n = L_i - 10\lg\left(\frac{A}{A_0}\right) \quad (1-95)$$

式中　A——接收室的吸声量，m^2；

A_0——基准吸声量，对于住宅，$A_0 = 10\ m^2$。

接收室的吸声量 A 可由赛宾公式计算：

$$A = \frac{0.161V}{T} \quad (1-96)$$

式中　V——接收室容积，m^3。

若在声源室中布置 m 个撞击源位置时，标准化撞击声压级 L'_{nT} 和规范化撞击声压级 L'_n 可写为：

$$L'_{nT} = 10\lg\left(\frac{1}{m}\sum_{j=1}^{m}10^{0.1L'_{nT,j}}\right) \quad (1-97)$$

$$L'_n = 10\lg\left(\frac{1}{m}\sum_{j=1}^{m}10^{0.1L'_{n,j}}\right) \quad (1-98)$$

式中　m——撞击器位置的数量；

$L'_{nT,j}$——撞击器位置 j 的标准化撞击声压级，dB；

$L'_{n,j}$——撞击器位置 j 的规范化撞击声压级，dB。

3. 实验设备及器件

（1）声学测量软件平台；

（2）传声器（精度 1 型）；

（3）数据采集仪；

（4）声校准器；

（5）功率放大器；

（6）脉冲信号源；

（7）撞击器；

（8）声级计（精度 1 级）。

4. 实验步骤

1）实验线路图

确定声源室和接收室后，按图 1-50 所示布置撞击器及声级计。使用脉冲响应积分法测量接收室混响时间，设备按图 1-51 所示连接，系统通电前，应保证系统接入完整。

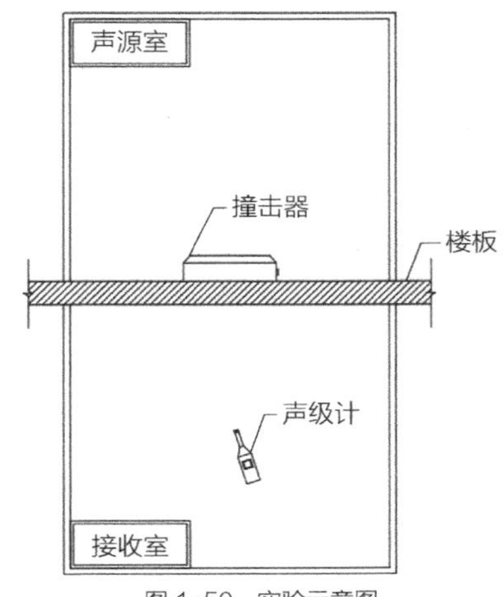

图 1-50　实验示意图

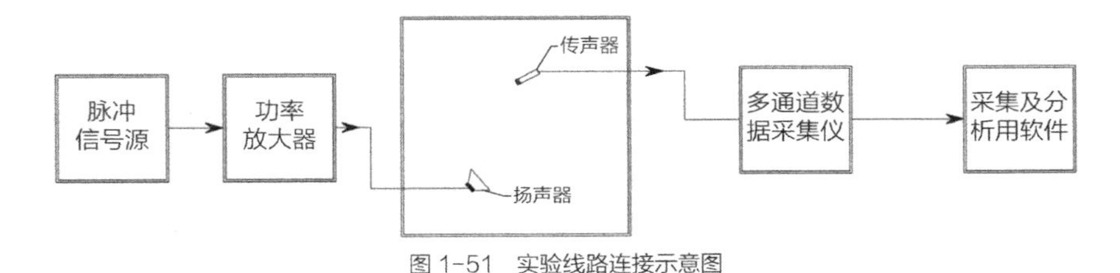

图 1-51　实验线路连接示意图

2）声源及测点布置

（1）混响时间测量

使用脉冲响应积分法测量混响时间，接收室内至少布置 1 个脉冲源位置，与传声器之间距离大于 1 m。接收室内至少布置 6 个测点，测点源距离地面以上 1.2 m，距离各壁面 1 m，近壁面传声器不正对平面，每个测点之间距离不得小于 1 m。

（2）撞击声压级测量

使用撞击器作为撞击源时，撞击器随机分布，布置在被测楼板上至少 4 个不同位置，对于有梁或肋等的各向异性楼板结构，可适当增加撞击器位置。撞击器的位置与楼板边界的距离不小于 0.5 m，撞击锤的连线应与梁或肋的方向呈 45°。在撞击器稳定工作后开始测量，若撞击器始终无法达到稳定条件的，应选择定义明确的时段进行测量，并注明测量时段。当标准撞击器测量有软质面层或不平整表面楼板的撞击声时，锤头下落至撞击器支撑脚平面以下至少 4 mm。

测点布置数量等于撞击源的数量或是其整数倍。撞击源位置在 4 ~ 5 个时，每个撞击声源位置上，至少进行 2 次撞击声压级测量，每次测量至少在接收室中布置 2 个不同的测点。撞击源位置为 6 个或以上，则每个撞击源位置至少进行 1 次撞击声压级测量，接收室中至少布置 1 个不同的测点位置。测点之间间距不小于 0.7 m，任一测点与房间边界的间距不小于 0.5 m，任一测点与被撞击源激励的间壁的间距不小于 1 m。撞击源位置和传声器位置具体可参见《声学　建筑和建筑构件隔声测量　第 7 部分：撞击声隔声的现场测量》GB/T 19889.7—2022 中附录 C 及附录 D。

3）参数设置

设置存储路径及项目管理，设定采样率及采样点数，对声级计及各通道传声器灵敏度进行校准。输入测量前后被测房间内的环境参数，包括温度（℃）、湿度 *RH*（%）及大气压（Pa）。

4）接收室混响时间测量

使用脉冲响应积分法对房间混响时间进行测量，声源及测点布置参照本节“2）声源及测点布置”。

5）撞击声压级测量

撞击声压级测量过程中传声器位置固定不动，撞击源及测点布置参照本节“2）声源及测点布置”。

6）数据记录

接收室内声压级按 1/3 倍频程进行记录，其中心频率（单位为 Hz）规定如下：

100	125	160	200
250	315	400	500
630	800	1000	1250
1600	2000	2500	3150

若需要，低频范围内附加测量中心频率：50 Hz、63 Hz、80 Hz；高频范围内附加测量中心频率：4000 Hz、5000 Hz。

7）背景噪声修正

测量过程中，每个频程内接收室内背景噪声声压级应比测得声压级低 6 dB（最好低 10 dB）以上。若声压级差值在 6 ~ 10 dB 之间，按式（1-99）进行修正。

$$L=10\lg(10^{0.1L_{sb}}-10^{0.1L_{b}}) \quad (1\text{-}99)$$

式中 L——修正声压级，dB；

L_{sb}——测量时接收室内声压级，dB；

L_{b}——背景噪声声压级，dB。

若任一频程的声压级差值小于或等于 6 dB 的，采用修正量 1.3 dB 进行修正，此时，所得数值是测量的限值。

5. 实验报告要求

（1）测量人员姓名和测量日期；

（2）测量所使用的测量仪器及测量框图；

（3）声源室中撞击源位置、数量示意图；

（4）接收室中传声器位置、数量示意图；

（5）声源室及接收室容积 *V*（修约至整数）；

（6）测量频率范围内，标准化撞击声压级 L'_{nT} 和规范化撞击声压级 L'_{n} 并以图表形式给出；

（7）当因背景噪声而使某一频程的声压级不能有效测出时，以 $L'_{nT}\leqslant\cdots$dB 或 $L'_{n}\leqslant\cdots$dB 给出限值；

（8）测量混响时间 *RT* 时的环境参数，包括温度（℃）、湿度 *RH*（%）及大气压（Pa）；

（9）给出基于现场测量的撞击声隔声单值评价量，评价量计算方法见《建筑隔声评价标准》GB/T 50121—2005和《声学　建筑物和建筑构件的隔声等级　第2部：冲击隔声》EN ISO 717—2：2020。①

6. 思考题

（1）除使用撞击器作为撞击源外，还可使用什么装置？

（2）接收室内除使用固定测点测量室内平均声压级外，还可使用什么方法？

1.15　实验十五　区域声环境噪声测量

1. 实验目的

（1）了解声级计原理及使用方法；

（2）掌握声环境功能区的环境噪声限值及测量方法。

① 详见“国家标准馆 · 国家数字标准馆”官方网站。

2. 实验原理

1）声级计

声级计是一种按照特定时间计权和频率计权测量噪声值的设备（图 1-52）。声级计一般由传声器、输入及输出衰减器、输入及输出放大器、滤波器、检波器、指示器和电源组成。其工作原理是：由传声器将声信号转换成电信号，再由前置放大器变换阻抗，使传声器与衰减器匹配；放大器将输出信号加到计权网络，对信号进行频率计权（或外接滤波器）使声级计的频率响应符合频率计权网络的要求，信号再经衰减器及放大器放大到一定的幅值，传送至检波器（或外接电平记录仪），在显示单元上显示出所测声压级数值。

图 1-52　声级计

（1）频率响应和频率计权

通常声级计的测量频率范围为 20 ~ 20 000 Hz，且对于该频率范围内要求有平直的频率响应特性。根据数据精度及频率响应范围的不同，声级计可分为 1 级和 2 级两种，详见表 1-17。

表 1-17　声级计精度类型

类型	1 级	2 级
精度 /dB	±0.7	±1.0
频率范围 /Hz	16 ～ 16 000	20 ～ 8000

使用频率计权特性测量得到的声压级称为声级。主要包括 A 声级、C 声级和 Z 声级（此外还有特殊应用场景下的计权特性网络，例如用于测量航空噪声的 D 声级）。几种频率计权特性见本节附录 1，此外，几种频率的计权特性也可使用数学解析表达式进行计算，具体计算方法如下所示。

对于任何频率 f（Hz），C 计权 $C(f)$ 可由式（1-100）计算，单位为分贝（dB）：

$$C(f)=20\lg\left[\frac{f_4^2f^2}{(f^2+f_1^2)\ (f^2+f_4^2)}\right]-C_{1000} \tag{1-100}$$

式中，C_{1000} 是以分贝表示的归一化常数，相当于在 1 kHz 提供 0 dB 频率计权所需的电增益。根据规范，修约到最近的 0.001 dB，$C_{1000}=-0.062$（dB）。

A 计权 $A(f)$ 可由式（1-101）计算，单位为分贝（dB）：

$$A(f)=20\lg\left[\frac{f_4^2f^4}{(f^2+f_1^2)\ (f^2+f_2^2)^{\frac{1}{2}}(f^2+f_3^2)^{\frac{1}{2}}(f^2+f_4^2)}\right]-A_{1000} \tag{1-101}$$

式中，A_{1000} 是以分贝表示的归一化常数，相当于在 1 kHz 提供 0 dB 频率计权所需的电增益。根据规范，修约到最近的 0.001 dB，$C_{1000}=-2$（dB）。

此外，A 计权的特性是在 C 计权上加两个耦合的一阶高通滤波器来实现，每个高通滤波器的截止频率为：$f_A=10^{2.45}$ Hz。

在式（1-101）中，f_1 和 f_4 为极点频率，单位为赫兹（Hz），可由下式确定。

$$f_1=\left[\frac{-b-\sqrt{b^2-4c}}{2}\right]^{\frac{1}{2}} \tag{1-102}$$

$$f_4=\left[\frac{-b+\sqrt{b^2-4c}}{2}\right]^{\frac{1}{2}} \tag{1-103}$$

b 和 c 为常数，可由式（1-104）确定：

$$\begin{cases} b = \left(\dfrac{1}{1-D}\right)\left[f_r^2 + \dfrac{f_L^2 f_H^2}{f_r^2} - D(f_L^2 + f_H^2)\right] \\ c = f_L^2 f_H^2 \end{cases} \quad (1\text{-}104)$$

f_r 为参考频率，即频率在 1 kHz 时的响应；$f_L = 10^{1.5}$ Hz，$f_H = 10^{3.9}$ Hz，$D^2 = 1/2$。

在式（1-101）中，f_2 和 f_3 频率处响应的极点可由下式确定。

$$f_2 = \left(\frac{3-\sqrt{5}}{2}\right) f_A \quad (1\text{-}105)$$

$$f_3 = \left(\frac{3+\sqrt{5}}{2}\right) f_A \quad (1\text{-}106)$$

此时，f_1、f_2、f_3 和 f_4 修约值如表 1-18 所示。

表 1-18 极点频率及修约值

极点频率	f_1	f_2	f_3	f_4
修约值 /Hz	20.60	107.7	737.9	12 194

Z 计权 $Z(f)$ 也称为不计权，单位为分贝（dB），即：

$$Z(f) = 0 \quad (1\text{-}107)$$

（2）时间计权

除了频率计权特性外，声级计还具有时间计权特性，具体包括“快（Fast）”“慢（Slow）”和“脉冲（Impulse）”三种。

快慢特性主要用于连续波信号测量，时间计权“快（F）”时间常数设定值为 0.125 s，一般称为 F 挡；“慢（S）”为 1 s，一般称为 S 挡。对于稳态噪声，F 挡和 S 挡的时间平均测量结果没有差别。对于起伏比较大的非稳态噪声，使用 S 挡时，显示值在噪声平均值附近变化较小，但对峰值和谷值的测量会产生较大的误差。使用 F 挡时，测量结果则能够准确反映噪声变化的峰值和谷值。“脉冲（Impulse）”挡则用于测量脉冲声等瞬发噪声。

在频率计权与时间计权配合使用时，测试结果在一定程度上可反映人耳的主观听觉感受。

2）等效连续 A 声级

对于稳态噪声环境，通常使用 A 声级进行测量及评价。对于噪声源随时间有明显变化时，例如测量交通噪声，此时 A 声级测量结果不能够准确地反映被测区域的噪声情况，为解决该问题，提出使用噪声能量时间平均的方法来评价被测区域的噪声环境，该方法称为等效连续声级，用 L_{eq} 表示，单位为分贝（dB）。

时间平均 A 计权声级（等效连续 A 声级）用符号 $L_{Aeq,T}$ 或 L_{eq} 表示，单位为分贝（dB），可由式（1-108）计算：

$$L_{Aeq,T} = 10\lg\left(\frac{1}{t_2-t_1}\int_{t_1}^{t_2}\frac{p^2(t)}{p_0^2}dt\right) \quad (1\text{-}108)$$

式中 t_1、t_2——分别为起止时间，s；

$p(t)$——A 计权瞬时声压，Pa；

p_0——基准声压，$p_0 = 2.0\times10^{-5}$（Pa）。

此外，可通过在相等时间间隔测得的 n 个 A 声级值 L_{At} 来计算 L_{Aeq}，如式（1-109）所示。

$$L_{Aeq} = 10\lg\left(\frac{1}{n}\sum_{i=1}^{n}10^{0.1L_{Ai}}\right) \quad (1\text{-}109)$$

3）昼夜等效声级

由于同样的噪声在昼间和夜间对人的影响效果不同，仅使用等效连续 A 声级并不能很好地反映出噪声这一特点。相较于昼间，同样的噪声在夜间会使人感到更加烦恼，为更好地表现这一特性，需在夜间所测得声级均加上 10 dB（A 计权），再计算昼夜噪声能量的加权平均，用符号 L_{dn} 表示，单位为分贝（dB）。

昼夜等效声级 L_{dn} 可按下式计算：

$$L_{dn} = 10\lg\left[\frac{2}{3}\times10^{0.1\bar{L}_d} + \frac{1}{3}\times10^{0.1(\bar{L}_n+10)}\right] \quad (1\text{-}110)$$

式中　$\overline{L}_d$——昼间时段内测得的等效连续 A 声级，即昼间等效声级，dB；

$\overline{L}_n$——夜间时段内测得的等效连续 A 声级，即夜间等效声级，dB。

除特殊规定外，根据《中华人民共和国噪声污染防治法》，“昼间”是指 6 : 00—22 : 00；“夜间”是指 22 : 00—次日 6 : 00。

4）累积百分声级

除了使用等效连续声级 L_{eq} 来评价非稳态噪声外，也可使用累积百分声级 L_N 来表示不同噪声级值出现的概率或累积概率。累积百分声级也称为统计声级，是指在测试时段内，N% 的时间内测得的声级值超过 L_N，表征了噪声强度的时间统计分布特征。

最常使用的累积百分声级包括 L_{10}、L_{50} 和 L_{90}，其中 L_{10} 是指在测量时间内有 10% 的时间 A 声级超过的值，相当于噪声的平均峰值；L_{50} 是指在测量时间内有 50% 的时间 A 声级超过的值，相当于噪声的平均中值；L_{90} 是指在测量时间内有 90% 的时间 A 声级超过的值，相当于噪声的平均本底值（或背景噪声）。在实际使用累积百分声级过程中发现，对统计特性符合正态分布的噪声进行评价时，L_{10} 与人的主观反应具有较好的相关性。

噪声的统计特性符合正态分布时，等效连续声级和累积百分声级具有一定的相关性，可用下式计算：

$$L_{eq}=L_{50}+\frac{d^2}{60} \qquad (1\text{-}111)$$

式中　d——L_{10} 与 L_{90} 之差。

d 越大则表示分布越不集中，噪声在统计时段内的起伏越大；反之，则分布越为集中，起伏越小。

5）环境噪声限值

根据《声环境质量标准》GB 3096—2008 中规定，各类声环境功能区环境噪声等效声级限值如表 1-19 所示。

表 1-19　环境噪声限值　单位：dB（A）

声环境功能区类别		时段	
		昼间	夜间
0 类		50	40
1 类		55	45
2 类		60	50
3 类		65	55
4 类	4 a 类	70	55
	4 b 类	70	60

按区域的使用功能特点和环境质量要求，声环境功能区分为以下 5 种类型：

（1）0 类声环境功能区：指康复疗养区等特别需要安静的区域；

（2）1 类声环境功能区：指以居民住宅、医疗卫生、文化教育、科研设计、行政办公为主要功能，需要保持安静的区域；

（3）2 类声环境功能区：指以商业金融、集市贸易为主要功能，或者居住、商业、工业混杂，需要维护住宅安静的区域；

（4）3 类声环境功能区：指以工业生产、仓储物流为主要功能，需要防止工业噪声对周围环境产生严重影响的区域；

（5）4 类声环境功能区：指交通干线两侧一定距离之内，需要防止交通噪声对周围环境产生严重影响的区域，包括 4 a 类和 4 b 类两种类型 [4 a 类指高速公路、一级公路、二级公路、城市快速路、城市主干路、城市次干路、城市轨道交通（地面段）、内河航道两侧区域；4 b 类指铁路干线两侧区域]。

3. 实验设备与器件

（1）声级计（精度 1 级）；

（2）声校准器；

（3）风速测量仪；

（4）温湿度计、大气压计。

4. 实验步骤

1）测点选择

根据监测对象和目的，可选择以下 3 种测点条件（指传声器所在位置）进行环境噪声测量。

（1）一般户外：测点距离任何反射物（地面除外）至少 3.5 m，距离地面高度 1.2 m 以上，必要时可置于高层建筑上，以扩大监测受声范围；

（2）噪声敏感建筑物户外：（敏感建筑物是指医院、学校、机关、科研单位、住宅等需要保持安静的建筑物）测点距离墙壁或窗户 1 m 处，距地面高度 1.2 m 以上；

（3）噪声敏感建筑物室内：测点距离墙面和其他反射面至少 1 m，距窗约 1.5 m，距地面 1.2 ~ 1.5 m。

2）气象条件

测量在无雨雪、无雷电天气，风速低于 5 m/s 时进行。在有风（风速低于 5 m/s）环境中测量时，需在声级计的传声器上加装防风罩，如图 1-53 所示。

图 1-53　声级计加防风罩

3）监测类型与方法

为了评价不同声环境功能区昼间及夜间的声环境质量，了解功能区环境噪声的时空分布特征，使用监测方法可分为定点监测法和普查监测法。

（1）定点监测法

使用定点监测法评价声环境质量时，至少选择 1 个能够反映各类功能区声环境质量特征的监测点，进行长期定点监测，且每次测量的位置和高度保持不变。不同声环境功能区对监测点要求也有所不同，详见表 1-20。

表 1-20　不同功能区及监测点要求（定点监测法）

功能区	监测点要求
0、1、2、3 类	户外长期稳定、距离地面高度为声场空间垂直部分的可能最大值处，且尽可能避免附近反射面及固定噪声源的干扰
4 类	应设置于 4 类区内第一排噪声敏感建筑物户外，交通噪声空间垂直分布的可能最大值处

对声环境功能区进行监测时，应避免节假日和非正常工作日，每次监测至少进行一昼夜（24 h）的连续监测。记录每小时的等效声级 L_{eq}、昼间等效声级 L_d、夜间等效声级 L_n 和最大声级 L_{max}。根据需要，可适当增加监测项目，例如累积百分声级 L_{10}、L_{50} 和 L_{90} 等。

监测结果评价：各监测点测量结果独立评价，以昼间等效声级 L_d 和夜间等效声级 L_n 作为各监测点声环境质量是否达标的基本依据，评价参考值见表 1-19。一个功能区布置多个测点时，应按点次分别统计昼间、夜间的达标率。

（2）普查监测法

使用普查监测法对声环境质量进行评价时，不同功能区监测要求不同，详见表 1-21。

表 1-21　不同功能区及监测点要求（普查监测法）

功能区	监测点要求
0、1、2、3 类	将普查监测的某一功能区划分为多个大小相等的正方形网格，网格要完全覆盖被普查区域，同时应保证有效网格总数多于 100 个；测点应布置在每个网格单元的中心位置，通常为户外条件，气象条件应满足本节“2）气象条件”中所述

续表

功能区	监测点要求
4 类	在每个典型路段对应的 4 类声环境功能区边界上或第一排噪声敏感建筑物户外选择 1 个测点进行噪声监测；测点与站场、码头、岔路口、河流汇入口等相隔一定的距离，防止上述地点的噪声对监测产生干扰

注：① 典型路段是指在道路设计和交通规划中具有代表性的路段（包括河段）；
② 4 类声环境功能区边界上是指 4 类区内无噪声敏感建筑物存在的情况。

对于 0、1、2、3 类声环境功能区，监测分别在昼间工作时间及 22：00—24：00（时间不足可顺延）进行。在测量时段内，每个测点单次测量时间为 10 min，记录测量时段内的等效声级 L_{eq}，同时记录噪声的主要来源。

对于 4 类声环境功能区，监测分昼间和夜间两个时段进行。在不同时段内分别测量等效声级 L_{eq}、交通流量和最大声压级 L_{max}，不同交通类型监测时间也不同，详见表 1-22。此外，监测道路交通噪声时，还需记录测量累积百分声级 L_{10}、L_{50} 和 L_{90}。

表 1-22　不同交通类型规定的测量时间

交通类型	监测时间
铁路、城市轨道交通（地上段）、内河航道两侧	不低于平均运行密度的情况下，昼间及夜间测量时间为 1 h；运行车次密集情况下，例如城市轨道交通（地面段），测量时间可缩短至 20 min
高速公路、一级公路、二级公路、城市快速路、城市主干路、城市次干路两侧	不低于平均运行密度的情况下，昼间及夜间测量时间为 20 min

在对五类声环境功能区进行监测时应避开节假日和非正常工作日。

监测结果评价：

对于 0、1、2、3 类声环境功能区，将全部测得等效声级 L_{eq} 做算术平均，所得平均值代表某一环境功能区的总体环境噪声水平，并计算标准偏差。根据每个网格中心的噪声值及对应的网格面积，统计不同噪声影响水平下的面积百分比，以及昼间、夜间的达标面积比例。

对于 4 类声环境功能区，将某条交通干线各典型路段测得的噪声值，按路段长度进行加权算术平均，以此得出某条交通干线两侧 4 类声环境功能区的环境噪声平均值。根据每个典型路段的噪声值及对应的路段长度，统计不同噪声影响水平下的路段百分比，以及昼间、夜间的达标路段比例。对某条交通干线或某一区域某一交通类型采取抽样测量时，需统计抽样路段比例。

4）噪声敏感建筑物监测方法

在环境噪声监测过程中，敏感建筑物通常指对噪声非常敏感的建筑物，如住宅区、学校、医院、图书馆等。这些建筑物内部的活动需要相对安静的环境，而噪声污染可能会对这些活动产生负面影响。为了解噪声敏感建筑物户外（或室内）的噪声水平，评价是否符合所处功能区的噪声要求，可用以下方法进行评价。

（1）监测要求

监测点一般设置在噪声敏感建筑物户外。当不满足户外测量条件时，可在室内门窗全部打开的情况下进行测量。在评价噪声敏感建筑物噪声水平是否达标时，在测量结果上加 10 dB（A）再按表 1-19 进行评价。

例如，在门窗全部打开的情况下，对某住宅内的噪声测量值为 42 dB（A），此时用于评价的噪声值为 52 dB（A）。

在周围环境噪声源正常工作条件下对敏感建筑物的环境噪声进行监测，分昼、夜两个时段连续进行。根据环境噪声源特性，具体测量时间见表 1-23。

表 1-23 不同噪声源特性及测量时间

噪声源特性	测量时间
受固体噪声源的噪声影响	稳态噪声：等效声级 L_{eq} 测量时间为 1 min； 非稳态噪声：等效声级 L_{eq} 测量时间为整个正常工作时间（或代表性时段）
受交通噪声源的噪声影响	不低于平均运行密度的情况下，昼间及夜间的等效声级 L_{eq} 测量时间为 1 h；运行车次密集情况下，例如城市轨道交通（地面段），等效声级 L_{eq} 测量时间可缩短至 20 min
受突发噪声的影响	监测点夜间存在突发噪声的，需同时监测测量时段内的最大声级 L_{max}

（2）监测评价结果

以昼间及夜间环境噪声源正常工作时段的等效声级 L_{eq} 和夜间突发噪声 L_{max} 作为指标来评价噪声敏感建筑物户外（或室内）环境噪声水平，并判断是否符合所处声环境功能区的环境质量要求。

5. 实验报告要求

（1）测量人员姓名和测量日期；

（2）测量所用的仪器，包括型号、精度等；

（3）声源及运行工况说明（如交通噪声测量的交通量等）；

（4）测量时间内的气象条件（风向、风速、雨雪等天气情况）；

（5）准确记录测点相对位置，并以图表的形式表示；

（6）以表格形式给出测量结果，包括使用声级（如 A 声级）、测量时间、测点编号等。

6. 思考题

（1）结合数据分析，被测区域内受到噪声污染较重的地区有哪些？

（2）如何控制区域环境内的噪声污染？

附录 1 频率计权和允差（包括最大测量扩展不确定度）

标称频率 /Hz	频率计权 /dB			允差 /dB	
	A	C	Z	1 级	2 级
10	−70.4	−14.3	0.0	+ 3.5；− ∞	+ 5.5；− ∞
12.5	−63.4	−11.2	0.0	+ 3.0；− ∞	+ 5.5；− ∞
16	−56.7	−8.5	0.0	+ 2.5；−4.5	+ 5.5；− ∞
20	−50.5	−6.2	0.0	±2.5	±3.5
25	−44.7	−4.4	0.0	+ 2.5；−2.0	±3.5
31.5	−39.4	−3.0	0.0	±2.0	±3.5
40	−34.6	−2.0	0.0	±1.5	±2.5
50	−30.2	−1.3	0.0	±1.5	±2.5
63	−26.2	−0.8	0.0	±1.5	±2.5
80	−22.5	−0.5	0.0	±1.5	±2.5
100	−19.1	−0.3	0.0	±1.5	±2.0
125	−16.1	−0.2	0.0	±1.5	±2.0
160	−13.4	−0.1	0.0	±1.5	±2.0
200	−10.9	0.0	0.0	±1.5	±2.0
250	−8.6	0.0	0.0	±1.4	±1.9
315	−6.6	0.0	0.0	±1.4	±1.9
400	−4.8	0.0	0.0	±1.4	±1.9
500	−3.2	0.0	0.0	±1.4	±1.9
630	−1.9	0.0	0.0	±1.4	±1.9
800	−0.8	0.0	0.0	±1.4	±1.9
1000	0.0	0.0	0.0	±1.1	±1.4
1250	+ 0.6	0.0	0.0	±1.4	±1.9
1600	+ 1.0	−0.1	0.0	±1.6	±2.6
2000	+ 1.2	−0.2	0.0	±1.6	±2.6
2500	+ 1.3	−0.3	0.0	±1.6	±3.1
3150	+ 1.2	−0.5	0.0	±1.6	±3.1
4000	+ 1.0	−0.8	0.0	±1.6	±3.6
5000	+ 0.5	−1.3	0.0	±2.1	±4.1
6300	−0.1	−2.0	0.0	+ 2.1；−2.6	±5.1
8000	−1.1	−3.0	0.0	+ 2.1；−3.1	±5.6
10 000	−2.5	−4.4	0.0	+ 2.6；−3.6	+ 5.6；− ∞
12 500	−4.3	−6.2	0.0	+ 3.0；−6.0	+ 6.0；− ∞
16 000	−6.6	−8.5	0.0	+ 3.5；−17.0	+ 6.0；− ∞
20 000	−9.3	−11.2	0.0	+ 4.0；− ∞	+ 6.0；− ∞

Chapter2

第2章 电声实验项目

Electroacoustic Experiments

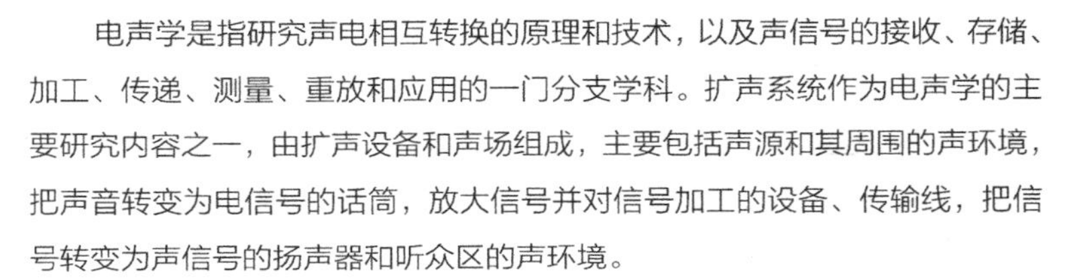

电声学是指研究声电相互转换的原理和技术，以及声信号的接收、存储、加工、传递、测量、重放和应用的一门分支学科。扩声系统作为电声学的主要研究内容之一，由扩声设备和声场组成，主要包括声源和其周围的声环境，把声音转变为电信号的话筒，放大信号并对信号加工的设备、传输线，把信号转变为声信号的扬声器和听众区的声环境。

针对其展开的电声测量的基本内容包括设备的测量、室内主要电声指标测量等。其中设备的测量，主要是指对传声器件和扬声器件的相应指标测量，如传声器的测量主要涉及传声器的灵敏度、频率响应、指向特性，以及总谐波失真率特性；扬声器的测量主要涉及频率响应、阻抗特性、极性与异音杂音等。传声器位于电声系统前端，扬声器位于电声系统终端，因此传声器与扬声器性能指标质量好坏，将会直接影响到整个电声系统的质量。室内主要电声指标测量主要是参照国家标准《厅堂扩声特性测量方法》GB/T 4959—2011，展开对最大声压级、声场不均匀度、传输频率特性，以及传声增益等参数的检测。

录放声技术作为电声技术的另一主要分支，是指把自然声音经过一系列技术设备（如传声器、录音机、拾声器等）进行接收、放大、传送、存储、记录和复制加工，然后再重放出来供人聆听的技术。考虑其受主观因素影响较密切，这种主观感受并不是靠仪器检测能完全反映出来的，因此实验环节结合数字录音技术，进行了相关声品质参数分析及主观评价研究，以期能展示电声系统的特色与复杂性。

2.1 实验十六 扬声器频率响应测试

1. 实验目的

了解扬声器输出声压级与频率之间的关系，掌握使用 RT-Speaker 扬声器性能测试软件进行扬声器单体的频率响应曲线测试方法。

2. 实验原理

在国标《声系统设备 第 5 部分：扬声器主要性能测试方法》GB/T 12060.5—2011/IEC 60268-5 : 2007 中对频率响应的特性解释为：在自由场或半空间自由场条件下，在相对于参考轴和参考点的指定位置，以规定的恒定电压测得的作为频率函数的声压级。其中所用的恒定电压为正弦信号，或为频程噪声信号。一般在测量中把扬声器置于正常测量条件下的自由场或半空间自由场环境中，反馈给扬声器恒定电压的频程噪声信号或正弦信号。将结果以声压—频率曲线来表示，其结果就是频率响应曲线。目前主要有以下 3 种测量方案：

1）正弦信号法

如图 2-1 所示为频率逐点扫描测量，信号经过测量放大器馈给扬声器重放，传声器放置在扬声器辐射轴 1 m 处，捡拾信号经过放大器输出到电平记录仪，电平记录仪自动记录的曲线即为扬声器频响曲线。

2）1/3 oct 窄带噪声信号法

如图 2-2 所示为粉红噪声作为测量信号源捡拾信号经过 1/3 oct 滤波器滤波，输出声压随各滤波器中心频率的变化曲线即为频响曲线。

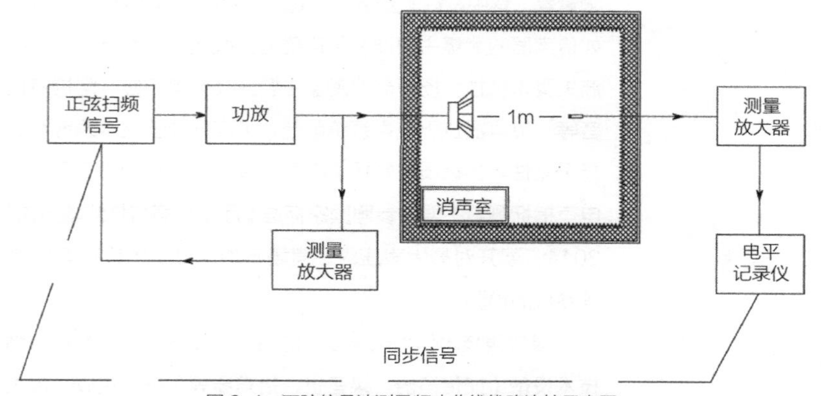

图 2-1 正弦信号法测量频响曲线线路连接示意图

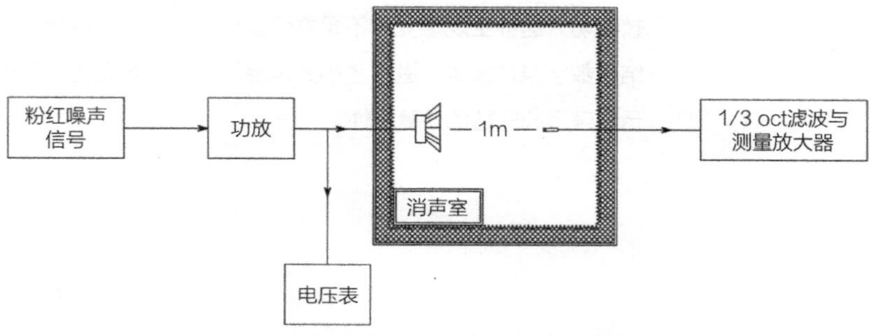

图 2-2 1/3 oct 窄带噪声信号法测量频响曲线线路连接示意图

3）非稳态法即脉冲响应法

如图 2-3 所示，将计算机产生的测量信号通过 D/A 变换馈给扬声器重放，传声器捡拾到信号后通过 A/D 变换成数字信号，然后计算机进行解脉冲响应运算得到脉冲响应 $h(t)$，利用时间窗截取扬声器的脉冲响应，再经过 FFT 得到频率响应 $H(w)$，其曲线即为频响曲线。

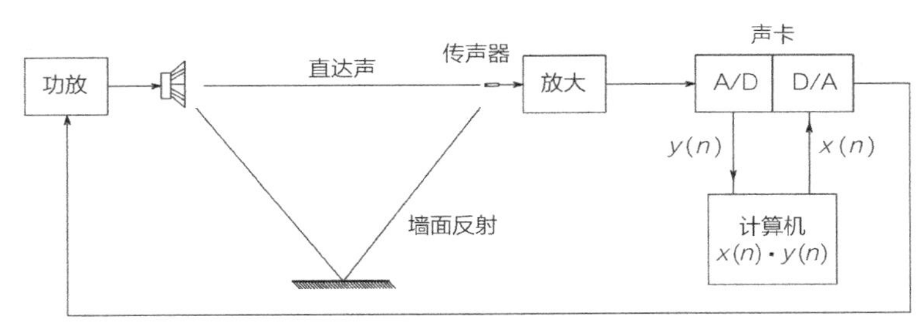

图 2-3　脉冲响应法测量频响曲线线路连接示意图

3. 实验设备与器件

（1）待测扬声器：人工嘴（AM 581）；

（2）音频分析仪（FX100）；

（3）传声器（M2010）；

（4）带有 RT-Speaker 测试软件的计算机等。

4. 实验步骤

1）测量前的注意事项

（1）扬声器应置于符合《声系统设备　第 5 部分：扬声器主要性能测试方法》GB/T 12060.5—2011/IEC 60268-5：2007 第 3.2.2 条中条件 a）、b）和 d）的正常测量条件下。

（2）测量应至少覆盖 20 ~ 20 000 Hz 的频率范围。

2）实验线路图

选择如图 2-1 所示测量方案在消声室内进行相应的实验仪器选配连接，检查系统接线，按扬声器功率大小需选择单通道（适用于功率小于 10 W 扬声器）或者桥接方式接线（适用于功率大于 10 W 且小于 30 W 的扬声器），使用 FX100 音频分析仪按照如图 2-4 所示进行线路连接，打开 RT-Speaker 测试软件，进入系统设置界面，完成设备相应的连接通信端口设置。

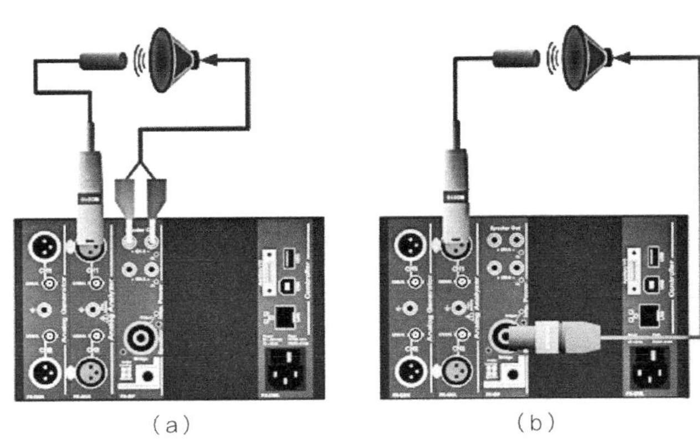

（a）　（b）

图 2-4　音频分析仪与仪器单通道或者桥接方式接线示意图

（a）单通道方式接线；（b）桥接方式接线

3）设置传声器标签

设置测量传声器的接口类型和供电方式，实验所采用的是 M2010 传声器，选择电源为“48 V”选择接口类型为“XLR”。测量传声器的校准方式有两种，一种是用标准声源进行校准；另一种则是通过输入传声器产品说明书上的灵敏度进行标定，可以按照实际情况进行选择。

4）创建检测项目

进入项目详细设置界面，在测量硬件中选择相应的测试模块“FX-SIP Signal（适用于功率小于10 W 扬声器）”或者“SIP Bridge Mode”（适用于功率大于 10 W 且小于 30 W 的扬声器），此处与图 2-4 的接线方式相对应，点击选择所需的测试内容，Frequency Test 频响测试，“Test Signal”选择测试信号“Glide Sweep”（Glide Sweep 为滑频信号，速度非常快，且能够覆盖所有待测频点）。设置测试电平，在“Glide Sweep”后的测试信号电压一栏填写待测体的工作电压。

5）点选“Frequency & Impedance”频响标签

分别输入测试起始和终止频率，分辨率“Resolution”下选择相应的分辨率（列出的都是标准中规定的分辨率，一般选择 ISO R40 或者 R80），带宽“Bandwidth”选择“20 kHz”，设置其他频率测试相关内容，设置完毕，保存并退出当前页面。

6）校准电声器件

进入校准界面，需要进行两次校准，一次是对传声器的校准，如果在之前步骤已经完成，可以忽略本次校准。再完成扬声器输入信号的校准，系统播放纯音信号，自动校准。

7）数据记录

进入测试界面，按照要求，保存、输出测试结果。

5. 实验报告要求

实验报告应包含以下内容：

（1）测量人员姓名和测量日期；

（2）测量所使用的测量仪器，以及相应测量框图；

（3）测量结果应判断是否需要进行相关低频测量修正；

（4）结果表示为声压级—频率特性曲线，指出整体波动未超过 ±2 dB 的频响范围。

6. 思考题

测量结果与扬声器产品说明书频响曲线进行比对，分析测试结果存在误差的原因？

2.2 实验十七 扬声器阻抗特性测试

1. 实验目的

了解扬声器阻抗测量原理，掌握使用 RT-Speaker 扬声器性能测试软件进行扬声器阻抗特性曲线测试方法。

2. 实验原理

参照《声系统设备 第 5 部分：扬声器主要性能测试方法》GB/T 12060.5—2011/IEC 60268-5：2007 第 16.1 部分扬声器的额定阻抗值（也称标称阻抗）是一个由制造商规定的纯电阻的阻值，在确定信号源的有效电功率时，用来代替扬声器。其中额定阻抗用阻抗曲线如图 2-5 所示的紧跟在第一个极大值后面的极小值表示。在额定频率范围内，阻抗模量的最低值不应小于额定阻抗的 80%。

阻抗曲线反映阻抗模量与频率的函数关系。测量阻抗曲线应用恒压法或恒流法，通常优选恒压法。恒流法一般测量电流保持 50 mA（±10%），大功率可以用 100 mA，小功率用 10 mA，测量布置图如图 2-6 所示。

恒压法测量时电压保持恒定，令扬声器的功率为在额定功率 10% 来选取电压值。为了保证扬声器工作在线性状态，测量所选用的电压值或电流值应足够小（图 2-7）。

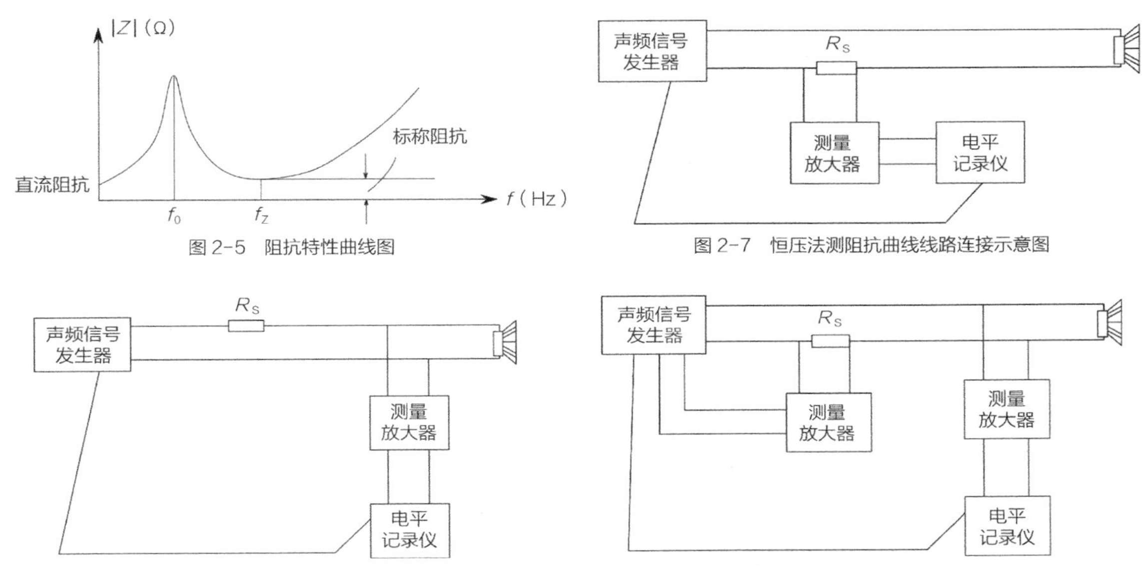

图 2-5　阻抗特性曲线图

图 2-7　恒压法测阻抗曲线线路连接示意图

图 2-6　恒流法测阻抗曲线线路连接示意图（左图中 R_s 应大于扬声器共振频率处阻抗模值的 20 倍，右图中 R_s 应小于或等于扬声器额定阻抗的 1/10）

3. 实验设备及器件

（1）待测扬声器单元器件；

（2）音频分析仪（FX100）；

（3）传声器（M2010）；

（4）带有 RT-Speaker 测试软件的计算机等。

4. 实验步骤

1）测量前的注意事项

（1）扬声器应置于符合《声系统设备　第 5 部分：扬声器主要性能测试方法》GB/T 12060.5—2011/IEC 60268-5：2007 第 3.2.2 条中条件 a）、b）和 d）的正常测量条件下。

（2）测量应至少覆盖 20 ~ 20 000 Hz 的频率范围。

2）实验线路图

按扬声器功率大小需选择单通道方式接线（适用于功率小于 10 W 扬声器），如图 2-8（a）所示；或者桥接方式接线（适用于功率大于 10 W 且小于 30 W 的扬声器），如图 2-8（b）所示。打开主机，打开 RT-Speaker 测试软件，进入系统设置界面，完成设备相应的连接通信端口设置。

3）设置传声器标签

设置测量传声器的接口类型和供电方式，本次实验所采用的是 M2010 传声器，选择电源为“48 V”选择接口类型为“XLR”。测量传声器的校准方式有两种，一种是用标准声源进行校准；另一种则是通过输入传声器产品说明书上的灵敏度进行标定，可以按照实际情况进行选择。

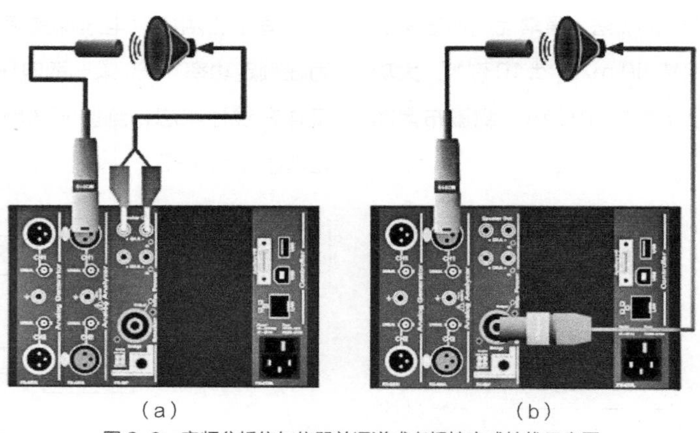

（a）（b）

图 2-8 音频分析仪与仪器单通道或者桥接方式接线示意图
（a）单通道方式接线；（b）桥接方式接线

4）创建检测项目

进入项目详细设置界面，在测量硬件中选择相应的测试模块“FX-SIP Signal”（适用于功率小于 10 W 扬声器）或者“SIP Bridge Mode”（适用于功率大于 10 W 且小于 30 W 的扬声器），此处与如图 2-8 所示的接线方式相对应，选择“Glide Sweep”滑频信号，其速度非常快，且能够覆盖所有待测频点。

5）点选“Frequency & Impedance”频响及阻抗标签

点击选择所需的测试内容，Frequency Test 频响测试和 Impedance Test 阻抗特性测试。分别输入测试起始和终止频率，分辨率“Resolution”下选择相应的分辨率，带宽“Bandwidth”选择“20 kHz”，设置完成其他测试相关内容，保存并退出当前页面。

6）校准电声器件

进入校准界面，需要进行两次校准，一次是对传声器的标定校准，如果在之前步骤已经完成，可以忽略本次校准。再完成对扬声器输入信号的校准，系统播放纯音信号，自动校准。

7）数据记录

进入测试界面，保存、输出测试结果。

5. 实验报告要求

实验报告应包含以下内容：

（1）测量人员姓名和测量日期；

（2）测量所使用的测量仪器，以及相应测量框图；

（3）绘制阻抗特性曲线，在报告中注明采用恒压法的电压值或恒流法的电流值。

6. 思考题

（1）测量结果与扬声器标称阻抗进行比对，并对误差进行分析。

（2）更换待测扬声器类型，进一步验证分析直流阻抗和标称阻抗之间的比例关系。

2.3 实验十八 扬声器极性与异音杂音测试

1. 实验目的

了解扬声器极性的相关概念，掌握使用 RT-Speaker 扬声器性能测试软件进行扬声器的极性与异音杂音测试方法。

2. 实验原理

扬声器必须要按正确的极性连接，否则会因相位失真而影响音质。参考《声系统设备　第 2 部分：一般术语解释和计算方法》GB/T 12060.2—2011/IEC 60268-2：1987 中对极性的解释，极性标志是在某个器件上标识该器件的输出端信号与输入端信号之间的极性关系。当电声换能器的某一端满足下列条件之一时，判定为正极性。

（1）由外部声压增加（压缩）引起振膜向里运动时，在该端会产生相对于另一端的瞬时正电压；

（2）在该端加瞬时正电压时，振膜向外运动。极性的选择可能会受到连接器设计的影响，其中有些连接器带有插头，通常按极性习惯连接。在《声系统设备　第 5 部分：扬声器主要性能测试方法》GB/T 12060.5—2011/IEC 60268-5：2007 第 14.2 部分中规定正极应用一个“＋”号或红色标识。目前大部分扬声器在背面的接线支架上都是通过标注“＋”“－”的符号标出两根引线的正、负极性，但有的扬声器并未标注。

扬声器的极性判别方法主要有电池检测法和万用表检测法两种。

（1）利用电池判别扬声器的极性时，将一节 5 号电池的正、负极通过引线点击扬声器音圈的两个接线端子，点击的瞬间及时观察扬声器的纸盆振动方向。若纸盆向上振动，说明电池正极接的接线端子是音圈的正极，电池负极接的接线端子是音圈的负极。反之，若纸盆向下（靠近磁铁的方向）振动，说明电池的负极接的引脚是扬声器的正极。

（2）利用万用表判别扬声器的极性时，将其置于“R×1”挡，用两个表笔分别点击扬声器音圈的两个接线端子，在点击的瞬间及时观察扬声器的纸盆振动方向。若纸盆向上振动，说明黑表笔接的端子是音圈的正极；若纸盆向下振动，说明黑表笔接的端子是音圈的负极。另外，也可以采用万用表电流挡判别扬声器的极性。

电声或机械结构的异音（杂音、Rub&Buzz），以及振动一直以来都是用户和工程师想避免的。异音的本质是时幅曲线不再“平滑”，出现“毛刺”，产生了声音的突变，这种突变让声音不再和谐，人们就觉得产生了异常音。频谱检测对机械振动、异音的检测尤其有效，但对于扬声器这类由外部信号激发发声的电声产品就不太奏效了，实验中选择用纯音测试，如果有异音，曲线会出现变形，斜率发生突变，如图 2-9 所示。

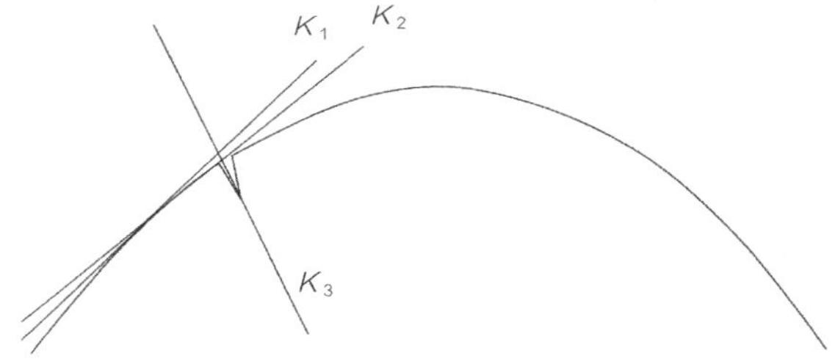

图 2-9　用纯音信号进行异音检测斜率突变示意图
（斜率由 K_1、K_2 突变为 K_3）

3. 实验设备及器件

（1）待测扬声器；

（2）音频分析仪（FX100）；

（3）传声器（M2010）；

（4）带有 RT-Speaker 测试软件的计算机等。

4. 实验步骤

1）实验线路图

检查系统接线，按扬声器功率大小选择单通道方式接线，如图 2-10 所示，打开主机，打开 RT-Speaker 测试软件，进入系统设置界面，完成设备相应的连接通信端口设置。

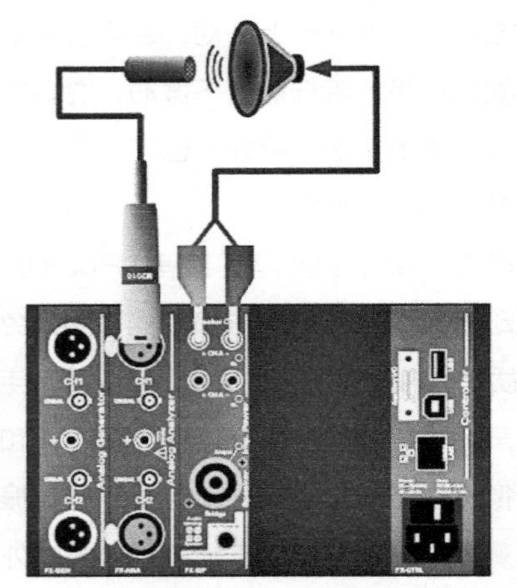
图 2-10 音频分析仪与仪器单通道方式接线示意图

2）设置传声器标签

设置测量传声器的接口类型和供电方式，本次实验所采用的是M2010传声器，选择电源为“48 V”选择接口类型为“XLR”。测量传声器的校准方式有两种，一种是用标准声源进行校准；另一种则是通过输入传声器产品说明书上的灵敏度进行标定，可以按照实际情况进行选择。

3）创建检测项目

进入项目详细设置界面，在测量硬件中选择相应的测试模块“FX-SIP Signal”（适用于功率小于 10 W 扬声器），此处与图 2-10 所示的接线方式相对应。点击选择所需的测试内容，“Polarity test 极性测试”“Rub & Buzz test 异音杂音测试”，完成对采样率、测试信号、测试电压等的相应设置。

4）设置“Rub & Buzz”异音及“Polarity”极性测试标签

分别填写测试起止频率，其中终止频率范围可设置为 3000 ~ 6000 Hz。“Polarity”标签下全部默认，确认没有遗漏或错误，设置完毕，保存并退出当前页面。

5）校准电声器件

进入校准界面，需要进行两次校准，一次是对传声器的标定校准，如果在之前步骤已经完成，可以忽略本次校准。再完成对扬声器输入信号的校准，系统播放纯音信号，自动校准。

6）数据记录

进入测试界面，保存、输出测试结果。

5. 实验报告要求

实验报告应包含以下内容：

（1）测量人员姓名和测量日期；

（2）测试产品批次，以及测试过程描述；

（3）以表和图的形式给出极性及异音检测结果。

6. 思考题

将测量结果与扬声器产品说明书充磁极性与动作检查两栏进行比对，分析误差来源。

2.4 实验十九 传声器频率响应和灵敏度特性参数测试

1. 实验目的

了解传声器测量频率响应及灵敏度的概念及测试原理，掌握使用 RT-Mic Fx 麦克风性能测试软件进行传声器的频率响应曲线及灵敏度参数的测试方法。

2. 实验原理

传声器可以将声信号转换为电信号，以进行后续相关的数字化处理和分析。作为整个电声系统的入口，传声器（麦克风）品质决定了电声系统的拾音效果，对整个电声系统有着至关重要的影响，频率响应、灵敏度、谐波失真、指向性特性等参数决定了其性能品质差异。

参照国标《声系统设备 第 4 部分：传声器测

量方法》GB/T 12060.4—2012/IEC 60268-4：2004 中特性解释，频率响应表示为：恒定电压和规定入射角声波作用于传声器，以正弦信号频率为函数的输出电动势，与规定频率的输出电动势（或者某窄带频率内的输出电动势均值）之比，其单位为分贝（dB）。频率响应是评价传声器音质的重要标准之一，若频响曲线在规定频率范围内都很平坦，则表明该传声器能够最大限度地还原初始的声音。

灵敏度是传声器输出电压与所受声压之比，在空载状态，输出电压与输出电动势相等。灵敏度 M 的单位是伏每帕（V/Pa），是传声器声电转换效率的重要指标。灵敏度偏高的传声器可以拾取响度更小或更远距离的声源，灵敏度偏低的传声器通常拾取更加响亮或更近距离的声源。

灵敏度级 L_M 是用分贝（dB）表示的灵敏度 M 与参考灵敏度 M_f 之比，可按下式计算：

$$L_M = 20\lg\frac{M}{M_f} \qquad (2\text{-}1)$$

式中，参考灵敏度为 $M_f = 1$（V/Pa）。

按照声环境与信号性质，其可分为自由场灵敏度、声压灵敏度、扩散场灵敏度、近讲灵敏度及语言特性灵敏度等。针对传声器的用途，给出测试的类型和响应曲线。本实验在消声室内测量传声器自由场灵敏度，即在规定的频率处或规定的频段内，以参考轴为基准的规定声入射方向上测量出的传声器输出电动势与声压之比。

根据上文可知，频率响应表示在恒定声压作用下，传声器的输出电平随频率的变化，在声学领域中，参考声压为 20×10^{-6} Pa；若在恒定声压 1 Pa（94 dB）作用下测量传声器的频率响应，则频率响应单位可变换为分贝（dB ref 1 V/Pa）。结合灵敏度定义可知，此时测得的频率响应曲线在相应频率处的幅值即为所求传声器灵敏度参数，测量方法如图 2-11 所示。在恒定声压 1 Pa（94 dB）作用下通过对传声器的频响测量，即可同时获得其频率响应和灵敏度两个性能参数。

按照国标《声系统设备　第 4 部分：传声器测量方法》GB/T 12060.4—2012/IEC 60268-4：2004 中第 4.6 条规定，频响曲线可用点测法或自动方法测量，且有同时比较法和替代法两种校准方法。同时比较法是把已校准的标准传声器放在与待测传声器对称的位置上（对称是对声源产生的声场的对称性而言的），使标准传声器测得的声压可代表待测传声器位置上的声压，仪器线路连接示意图如图 2-12 所示。

替代法是把标准传声器和待测传声器两次测试完全放在同一位置上，以同样的方式先后测量两次，仪器线路连接示意图如图 2-13 所示。

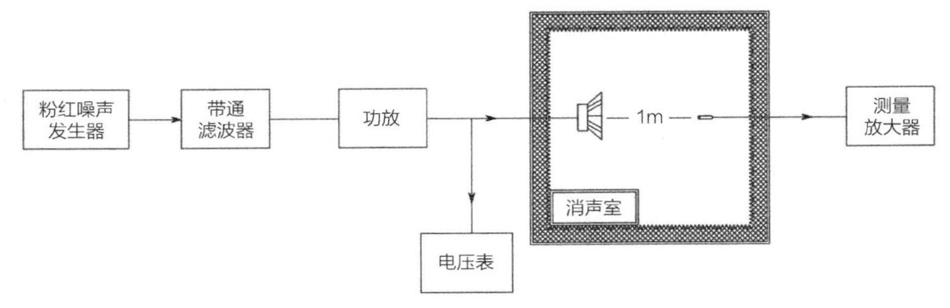

图 2-11　灵敏度参数测量线路连接示意图

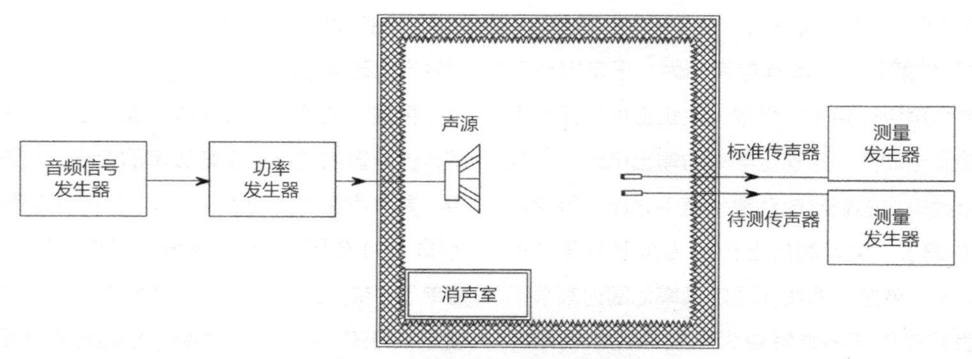

图 2-12 同时比较法线路连接示意图

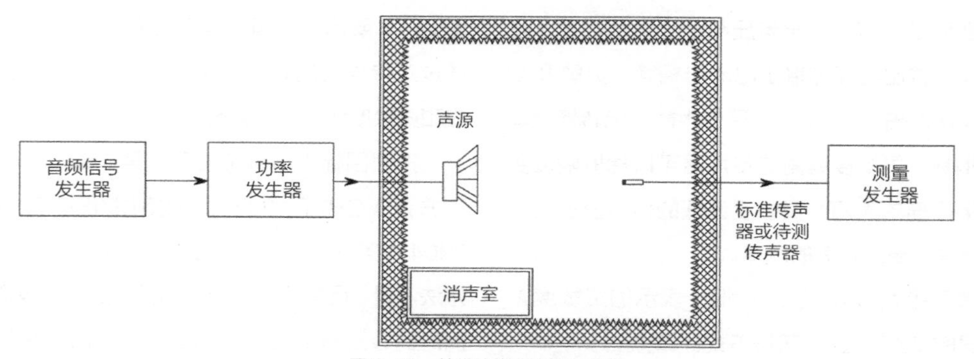

图 2-13 替代法线路连接示意图

3. 实验设备及器件

（1）待测传声器（麦克风）；

（2）音频分析仪（FX100）；

（3）标准传声器（参考麦克风）；

（4）声源（TalkBox）；

（5）带有 RT-Mic Fx 测试软件的计算机等。

4. 实验步骤

1）实验线路图

按照国标《声系统设备 第 4 部分：传声器测量方法》GB/T 12060.4—2012/IEC 60268-4：2004 中第 10.2.1.2 与 11.1.2 部分规定开展传声器灵敏度和频率响应的测试，选择如图 2-12 所示同时比较法校准方式进行相应的实验仪器选配连接，使用 FX100 音频分析仪按照如图 2-14 所示进行线路连接。

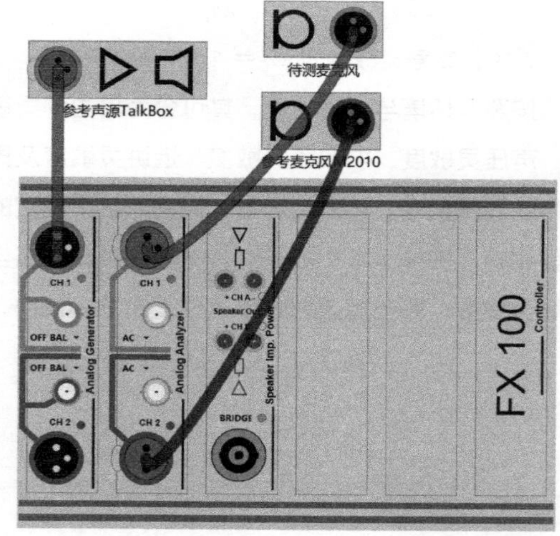

图 2-14 使用 TalkBox 声源的硬件接线示意图

2）测量前的注意事项

（1）待测传声器为带有前置放大器的 MPA201 传声器，为了保证传声器稳定工作，检查仪器线路，正常通电 10 s 后，完成预热后再开始进行后续操作。

（2）提前了解传声器的接口类型和供电方式，同时为方便插拔，一般将标准传声器置于通道二，待测传声器置于通道一。

（3）测试条件需满足国标《声系统设备　第 4 部分：传声器测量方法》GB/T 12060.4—2012/IEC 60268-4：2004 第 3 章和第 4 章规定的一般条件。

3）测量步骤

（1）标定标准传声器

将 M2010 传声器放入标准声源的耦合腔中，播放 1 kHz、94 dB（ref 20μPa）的标准信号，获得标准传声器的灵敏度。

（2）新建并编辑测试项目

设置测试信号为连续扫频信号，选择待测传声器的接口为 BNC 接口及供电方式为 ICP 供电。待测传声器的校准方式选为同时比较法，参考点的无扰声压为 1 kHz 正弦声压，并设置声压级为 94 dB。用 TalkBox 作为声源，在“信号源”中选择“FX-SIP Generator Chn1”模块。

（3）修改参数设置选项

勾选“Frequency Response”和“Sensitivity”模块，设置扫频信号模块参数，如声压级、起止频率、扫频时长、采样率等。设置频率响应曲线或灵敏度单位，可设置为 mV/Pa 或者 dBV/Pa。

（4）进行同时比较法校准

将两个传声器同时放置在声场分隔不远的两个位置上，且传声器之间的距离满足每一个测量点的声压由于另一个测量位置存在传声器引起的声压变化在 ±1 dB 内，并选定标准传声器的通道为通道二，开展对比校准，但页面出现“Calibration Completed”绿色显示后点击右上角“×”，自动保存并退出。

（5）测量传声器性能

点击右下角“Start”或者按电脑“F1”键开始测量，测量完成后，调整坐标显示，输出结果。

5. 实验报告要求

实验报告应包含以下内容：

（1）测量人员姓名和测量日期；

（2）测量所使用的测量仪器，以及相应测量框图；

（3）将测得的曲线按要求进行相应绘制，图形中各数据点进行拟合，横坐标以对数刻度表示频率，纵坐标以线性刻度表示数值；

（4）对所得频响特性曲线的平坦度进行评价。

6. 思考题

（1）与传声器产品说明书进行比对，分析测试结果存在误差的原因。

（2）传声器频响曲线在规定频率范围内通常存在波动，如低频段下滑、高频段抖动上升的情况，为了获得良好的音质，拾取更多的声音细节，对传声器的频响特性有什么要求？

2.5　实验二十　传声器总谐波失真率特性参数测试

1. 实验目的

了解传声器（麦克风）测量总谐波失真率的相关方法，掌握使用 RT-Mic Fx 麦克风性能测试软件进行传声器的总谐波失真率测试方法。

2. 实验原理

在声系统和声系统设备中，幅度非线性会在输出端产生输入信号中不存在的信号，这种非线性是频率、幅度和温度等因素的函数，不是一个常量，目前有多种评价幅度非线性的方法，如总谐波失真、调制失真、差频失真等，详见《声系统设备　第2部分：一般术语解释和计算方法》GB/T 12060.2—2011/IEC 60268-2：1987中第7.2部分。参照《声系统设备　第4部分：传声器测量方法》GB/T 12060.4—2012/IEC 60268-4：2004中　第13.2部分，总谐波失真是幅度非线性的一种表现。对于不同的用途（见《会议系统的电声要求》IEC 60914：1988中的第17.2条），应在指定带宽和声压级的确定条件下测量失真。

测试方法：将一个诸如波形分析仪之类的选频电压表，连接到被测传声器的输出端，如果有必要，先在前面接一个抑制基频的高通滤波器。测量装置应能指示谐波余量的真有效值。测量每一个谐波分量电平 U_{nf}。用一个连接到被测传声器的宽带有效值表，测量包括基频的总电平 U_t，那么总谐波失真用下式确定：

用百分比表示：

$$d_t = \frac{\sqrt{(U_{2f}^2 + U_{3f}^2 + \cdots + U_{nf}^2)}}{U_t} \times 100\% \tag{2-2}$$

用分贝表示：

$$L_{dt} = 20\lg\frac{d_t}{100} \tag{2-3}$$

传声器的谐波失真是指输出信号比输入信号多出的谐波成分，而所有附加谐波电平之和称为总谐波失真，其是幅度非线性的一种表现，用百分比表示，其数值表明输出信号的失真程度的大小，值越低，代表输出信号质量越好。

3. 实验设备及器件

（1）待测传声器；

（2）音频分析仪（FX100）；

（3）标准传声器；

（4）人工嘴（AM581）；

（5）带有RT-Mic Fx测试软件的计算机等。

4. 实验步骤

1）实验线路图

按照国标《声系统设备　第4部分：传声器测量方法》GB/T 12060.4—2012/IEC 60268-4：2004中第13.2.2部分规定开展传声器总谐波失真率的测试，选择替代法校准方式进行相应的实验仪器选配连接，测量仪器连接框图如图2-15所示。

使用FX100音频分析仪按照图2-16进行相关线路连接。

2）测量前的注意事项

（1）提前了解传声器的接口类型和供电方式，同时为方便插拔，一般将标准传声器（参考麦克风）置于通道二，待测传声器置于通道一。

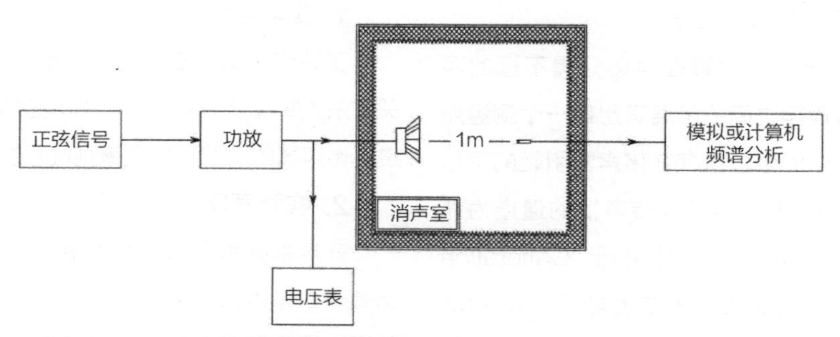

图2-15　传声器总谐波失真率特性参数测试线路连接示意图

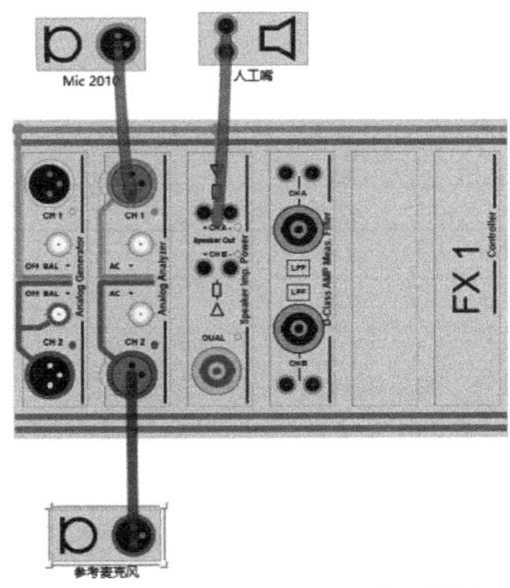

图 2-16　使用 AM581 人工嘴的传声器总谐波失真率特性参数测试硬件接线示意图

（2）测试条件需满足国标《声系统设备　第 4 部分：传声器测量方法》GB/T 12060.4—2012/IEC 60268-4：2004 中第 3 章和第 4 章规定的一般条件。

3）测量步骤

（1）标定标准传声器

将标准传声器放入标准声源的耦合腔中，播放 1 kHz、94 dB（ref 20 μPa）的标准信号，获得传声器灵敏度。

（2）新建并编辑测试项目

设置测试信号为连续扫频信号，选择待测传声器的接口类型为 XLR 接口及供电方式为 48 V 供电。待测传声器的校准方式选为替代法，参考点的无扰声压为 1 kHz 正弦声压，并设置声压级为 94 dB。用 AM581 人工嘴作为声源，在“信号源”中选择 FX-SIP Speaker Out A 模块。

（3）修改参数设置选项

勾选“Frequency Response”和“Distortion”模块，设置扫频信号模块参数，如声压级、起止频率、扫频时长、采样率等。但需要注意的是本实验以仿真嘴的频响补偿范围为基准，选择 300 ~ 8000 Hz 作为待测传声器的测量范围。设置总谐波失真率单位为“%”。

（4）进行替代法校准

将两个传声器分别放在同一位置上，并选定参考传声器的通道为通道二，进行校准，待页面出现“Calibration Completed”绿色显示后点击右上角“×”，自动保存并退出。

（5）测量传声器性能

点击右下角“Start”或者按电脑“F1”键开始测量，测量后，调整坐标显示，输出结果。

5. 实验报告要求

实验报告应包含以下内容：

（1）测量人员姓名和测量日期；

（2）测量所使用的测量仪器，以及相应测量框图；

（3）将测得的曲线按要求进行绘制，对图形中各数据点拟合，横坐标以对数刻度表示频率，纵坐标以线性刻度表示数值；

（4）对总谐波失真率曲线进行评价。

6. 思考题

（1）与传声器产品说明书进行比对，分析测试结果存在误差的原因。

（2）通过本实验，设计一种扬声器总谐波失真率特性参数的测试方案。

2.6　实验二十一　传声器指向性测量

1. 实验目的

了解传声器指向性测量的相关方法，掌握使用

RT-Mic Fx 麦克风性能测试软件进行话筒的指向性图案的测试，以及绘制方法。

2. 实验原理

传声器将物理声音信号转化成电信号，传声器拾音角度的灵敏性对信号转化过程有明显影响。指向性特性是在规定的频率或窄频程内，以声波入射角为函数的传声器自由场灵敏度级变化特性，绘制成曲线就是指向性图案。为了充分表示指向性图案对频率的依赖关系，应提供足够数量频率或频程的指向性图案，优先选用由《电声学　航空噪声测量仪器在运输类飞机噪声合格审定中测量 1/3 宽带倍频声压级装置的性能要求》MHT 9003—2008/IEC 61265：1995 规定的频程是 1 oct 或 1/3 oct。

参照《声系统设备　第 4 部分：传声器测量方法》GB/T 12060.4—2012/IEC 60268-4：2004 第 12.1.2 部分，可用下述两种不同的方法测量传声器的指向性图案：

1）指向性响应图案

（1）传声器工作在额定条件下；

（2）测量中，声源参考点和传声器参考点之间的距离保持恒定；

（3）测量中，声压保持恒定；

（4）测量中，频率保持恒定；

（5）连续地或步进式地改变以传声器参考轴为基准的声入射角（包括零度入射角），步进式中声入射角以每 10° 或 15° 跃变；

（6）测量或记录每一个角度 θ 相应的输出电压 $U(\theta)$；

（7）传声器在角度 θ 的灵敏度与0°的灵敏度之比直接表示为：

$$\frac{U_\theta}{U_0} \tag{2-4}$$

或用分贝表示：

$$20\lg\frac{U_\theta}{U_0} \tag{2-5}$$

（8）在若干频率上重复测量，优选频率为每个倍频程中心频率（单位为 Hz）：

125	250	500	1000
2000	4000	8000	16 000

（9）如果传声器不是旋转对称的，则可能需要测量通过传声器参考轴的不同平面上的指向性特性；

（10）用一组极坐标响应曲线表示（8）中所给频率的测量结果，极坐标响应曲线应按《声系统设备　第 1 部分：概述》GB/T 12060.1—2017 有关规定绘出，指向性响应图案的极坐标原点是传声器的参考点，除非另有规定，传声器的参考轴应是极坐标图案的零角度方向。

2）指向性频率特性

（1）传声器工作在额定条件下；

（2）测量中，以传声器参考轴为基准的声入射角 θ 保持恒定；

（3）测量中，声源参考点和传声器参考点之间的距离保持恒定；

（4）测量中，声压保持恒定；

（5）在若干不连续的声入射角 θ（包括 0°）方向，测量出传声器输出电压 $U(\theta)$ [$U(\theta)$ 是频率的函数]；

（6）结果表示为一组以参考轴为基准的各个入射角 θ 的频率响应曲线；

（7）从这些曲线可得出某指定频率，不同入射角 θ 的传声器灵敏度与 0° 的灵敏度之比。

3. 实验设备及器件

（1）待测传声器（话筒）；

（2）音频分析仪（FX100）；

（3）标准传声器；

（4）声源（TalkBox）；

（5）转台；

（6）带有 RT-Speaker 测试软件的计算机等。

4. 实验步骤

1）实验线路图

按照国标《声系统设备　第 4 部分：传声器测量方法》GB/T 12060.4—2012/IEC 60268-4：2004 中第 12.1.2 部分规定开展传声器指向性测试，选择同时比较法校准方式进行相应的实验仪器选配连接，测量仪器连接框图如图 2-17 所示。

使用 FX100 音频分析仪按照如图 2-18 所示进行线路连接。

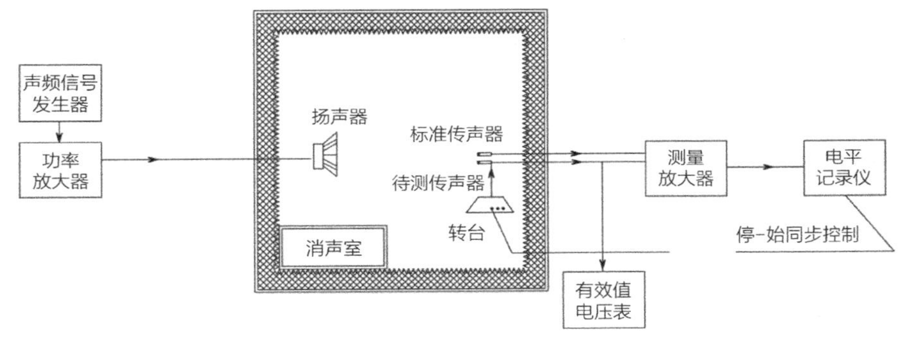

图 2-17　传声器的指向性特性测量线路连接示意图

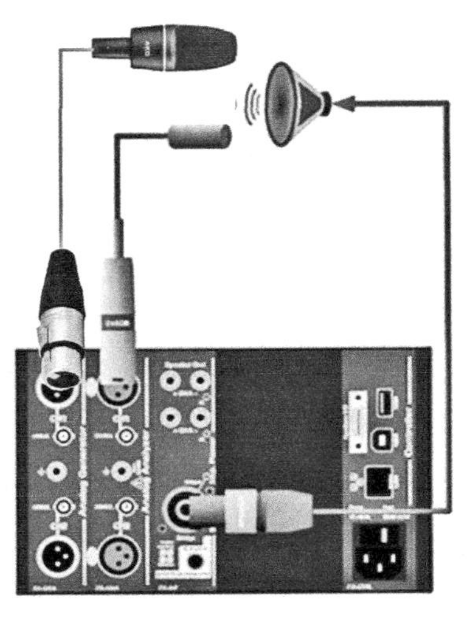

图 2-18　音频分析仪与仪器接线示意图

2）测量前的注意事项

测试条件需满足国标《声系统设备　第 4 部分：传声器测量方法》GBT 12060.4—2012/IEC 60268-4：2004 第 3 和 4 章规定的一般条件。

3）测量步骤

（1）标定标准传声器

将标准传声器放入标准声源的耦合腔中，播放 1 kHz、94 dB（ref 20 μPa）的标准信号，获得传声器的灵敏度。

（2）新建并编辑测试项目

使用指向特性测量模块，选择待测传声器的接口为 XLR 接口及供电方式为 48 V 供电。待测传声器的校准方式选为同时比较法，用 TalkBox 作为声源，在“信号源”中选择“FX-SIP Generator CH1”。绘制频率选定为 125 Hz、250 Hz、500 Hz、1000 Hz、2000 Hz、4000 Hz、8000 Hz 和 16 000 Hz，转动角度设为 15°，设置测试信号为滑动扫频信号，设置扫频信号模块参数，如声压级、起止频率、扫频时长、采样率等。

（3）同时比较法校准

将两个传声器同时放置在声场分隔不远的两个位置上，且之间的距离满足每一个测量点的声压由于另一个测量位置存在传声器引起的声压变化在 ±1 dB 内，并选定参考传声器的通道为通道二，开展对比校准，待页面出现 “Calibration Completed” 绿色显示后点击右上角 “×”，自动保存并退出。

（4）测量传声器性能

将待测传声器薄膜中心置于旋转轴中心 “0” 位置处，系统每隔 15° 转动一次转盘，开始指向性响应图案的绘制。

5. 实验报告要求

实验报告应包含以下内容：

（1）测量人员姓名和测量日期；

（2）测量所使用的测量仪器，以及相应测量框图；

（3）按《声系统设备　第 1 部分：概述》GB/T 12060.1—2017 声系统设备有关规定绘制极坐标响应曲线。

6. 思考题

（1）简述传声器指向性有哪几种，待测传声器属于哪一种？

（2）将测试结果与产品说明书进行比对，分析测试结果存在误差的原因。

（3）通过本实验，设计一种扬声器指向性特性测量实验方案。

2.7 实验二十二　双耳录音回放实验

1. 实验目的

了解声音信号数字化的过程，掌握数字录音技术，熟悉 Binaural Recorder 测试软件应用并进行相关声品质参数分析及主观评价研究。

2. 实验原理

在模拟录音机工作的过程中，磁带记录的是模拟信号的频率与幅度，而数字录音机记录的是数字信号，也就是高电平和低电平两种状态，因此不易受信号失真、噪声等因素的影响。传声器接收的是模拟信号，采用数字处理技术，就要先将模拟信号变换成数字信号（A/D 变换），A/D 变换器就是一种将模拟信号变换成数字信号的器件。模拟信号变成数字信号后便可以进行后续处理，如存储、延迟、特技处理等。经过数字处理后的信号，在送到驱动扬声器发声之前，还要被转换成模拟信号。这个转换称为数字 / 模拟变换，简称 D/A 变换。

声音信号实现数字化（A/D 变换）的过程如图 2-19 所示，具体如下。

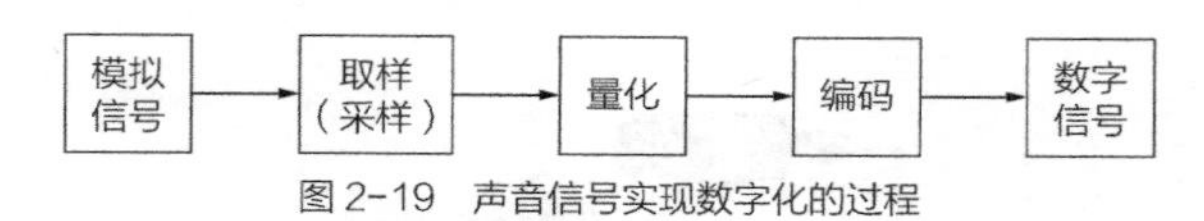

图 2-19　声音信号实现数字化的过程

（1）取样（采样）：取样是模拟信号数字化的第一步，是以恒定的频率在时间上对模拟信号离散地进行取样。根据采样定理（奈奎斯特取样规则）：理想采样频率大于或等于模拟信号中最高频率的 2 倍，就可以不失真地恢复模拟信号（离散后的信号与之前的信号基本相同）。如音频信号的最高频率为 20 kHz，那么采样频率应选择大于 40 kHz 的值，一般选用 44.1 kHz。

（2）量化：经过取样保持处理后的信号只是时间上离散开，信号在幅度上仍是连续信号，把信号在其幅度轴上离散开，也就是把其变为有限个在幅度上离散的二进制信号，这一过程称之为量化。

（3）编码：测量每个取样点的值，再用二进制码表示所测量的幅值，即将模拟信号变成数字编码信号等。

3. 实验设备及器件

（1）声学测量软件平台（Binaural Recorder 测试软件）；

（2）数据采集仪（MC3322）；

（3）声校准器（CA111）；

（4）双耳录音回放耳麦（PRO750）。

4. 实验步骤

1）校准

使用 CA111 声校准器进行录音传声器的校准，得到传声器灵敏度。选择如图 2-20 所示校准方式进行耳机灵敏度校准。反馈给耳机 500 Hz、1 mW（或者 1 V 电压）的正弦信号，在耦合腔测得的声压级即为耳机的灵敏度。

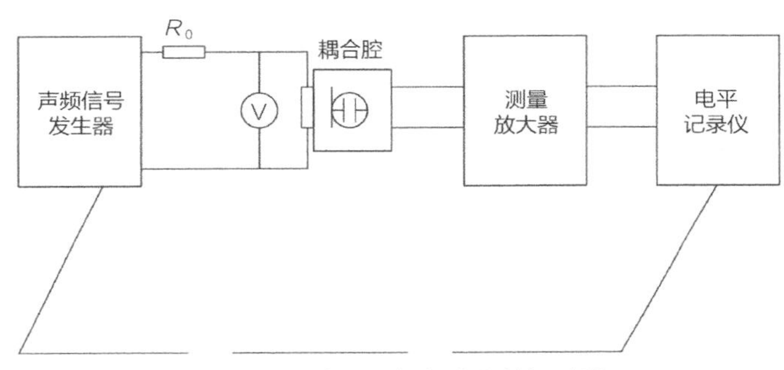

图 2-20　耳机灵敏度测量线路连接示意图

2）实验线路连接与软件主界面设置

将 MC3322 数据采集仪及 PRO750 双耳录音回放耳麦与电脑相连接，测试人员头戴耳麦，打开 Binaural Recorder 测试软件，软件分为录音、回放、分析三个界面。录音界面用于采集信号，同时简单显示信号；回放界面主要是将保存的信号真音回放；分析界面用于分析录制信号的幅值频率等。

在主界面设置每个通道的名称，所用传声器类型、序列号和灵敏度值，同时支持通道校准。

3）录音采集

设置正式开始录音时，保留点击录音前时域数据的时长，缺省设置为 2 s。设置录音时长，选择“off”（手动停止录音）。设置录音时显示图形或者处理的参数，包括 *XY* 轴范围、频率计权等。设置录音文件的位置和格式等。点击“Start”进入测试等待模式，软件将保留最新的 2 s 数据，点击“录音”键，开始保存录音数据。

4）录音回放

“Project”列表中读入相应文件，打开滤波器开关，前者为高通，后者为低通，全选是带通，不支持带阻。进行播放或暂停播放。

5）数据分析

点击“分析”键，在右侧给出所有点亮数据的分析结果，选择分析类型，如时域曲线、窄带分析、倍频程分析、历史曲线、时频图等。

5. 实验报告要求

实验报告应包含以下内容：

（1）测量人员姓名和测量日期；

（2）测量所使用的测量仪器、测试场景，以及测量框图；

（3）测试人员调整相应口部动作，分别绘制带有横杠、竖直条，以及乱纹的功率谱图。

6. 思考题

（1）绘制相应的语音声功率谱图，以横轴表示时间，纵轴表示频率，颜色深浅表示能量大小，分析与时间轴平行的横杠、与时间垂直的窄亮条竖直条和乱纹分别表示语音声的哪些特点。

（2）比较散射声场中声源偏离双耳中轴线 45° 时左右耳声压级差，并与理论结果进行比对，分析测量存在误差的原因。

2.8 实验二十三 厅堂扩声特性检测

1. 实验目的

了解厅堂扩声系统声学特性指标如最大声压级、声场不均匀度、传输频率特性、传声增益等参数的概念，掌握厅堂扩声特性相关检测方法，掌握实验数据处理，以及评价厅堂扩声系统方法。

2. 实验原理

1）最大声压级

扩声系统完成调试后，厅堂内各测量点处产生的稳态最大声压级的平均值。扩声系统最大声压级的测试方法主要有电输入法和声输入法。两种方式都可以使用窄带噪声法和宽带噪声法进行测量。本实验使用声输入法进行测量，测量原理如图 2-21 所示。

（1）调节测试系统，使舞台上设置的测试声源发出 1/3 倍频程（或 1/1 倍频程）粉红噪声信号，由系统传声器接收进入扩声系统；

（2）按要求进行扬声器系统的功率调节及测试频率的选取；

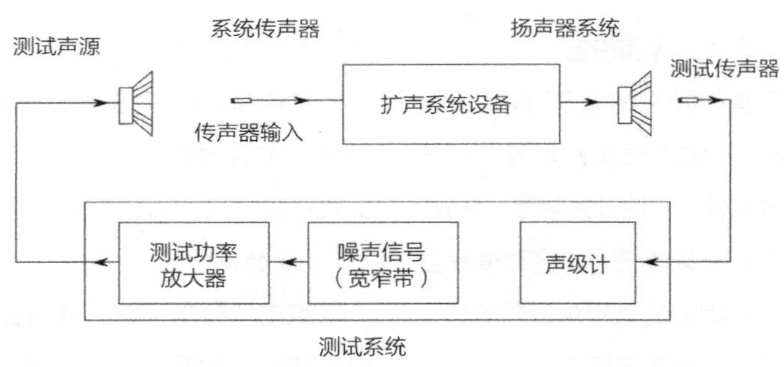

图 2-21 声输入法测量原理图

（3）在系统的传输频率范围内，测出每一个 1/3 倍频程（或 1/1 倍频程）的频程声压级；

（4）按照《厅堂扩声特性测量方法》GB/T 4959—2011 附录 A 的计算方法求出稳态声压级平均值 L_{Faver}，根据测量时所加功率，通过式（2-6）计算设计使用功率时的最大声压级。

$$L_{max} = L_{Faver} + 10\lg(P_{sy}/P_{cy}) \quad (2\text{-}6)$$

式中 P_{sy}——测量使用功率；

P_{cy}——设计使用功率；

L_{Faver}——各测点各频率的稳态声压级平均值；

L_{max}——设计使用功率时的最大声压级。

2）声场不均匀度

稳态声场不均匀度是指厅堂内（有扩声时）观众席处各测点稳态声压级的最大差值，测量原理见图 2-21。测量信号用 1/3 倍频程粉红噪声，测量通常在 1 kHz 和 4 kHz 分别进行。

3）传输频率特性

以声输入法为例，传输（幅度）频率特性是指扩声系统在稳定工作状态下，厅堂内各测量点稳态声压的平均值相对于扩声系统传声器处声压的幅频响应。

使用声输入法测量传输频率特性测量原理图同图 2-21。测量时，使用测试声源发出 1/3 倍频程粉红噪声，经过测试功率放大器加到测试声源上，调节测试声源的输出，使测试点的信噪比满足要求。改变 1/3 倍频程带通滤波器的中心频率，在系统传声器处和观众厅内的测点上分别测量声压级，取其差值。

4）传声增益

传声增益是指扩声系统达到最高可用增益状态，厅堂内观众席各测点稳态声压级平均值与系统传声器处稳态声压级的差值。

传声增益的测量可与声输入法测传输频率特性同时进行，测量原理如图 2-21 所示。

（1）将扩声系统调至最高可用增益；

（2）将测试声源置于舞台（或讲台）上设计所定的使用点上，若设计所定的使用点不明确时，测试声源置于大幕线中点舞台纵深方向 0.5 m 位置上；

（3）将扩声系统传声器和测量传声器分别置于大幕线上测试声源声中心两侧的对称位置，两传声器相距见《声系统设备　第 4 部分：传声器测量方法》GB/T 12060.4—2012/IEC 60268-4：2004，距地高度 1.2 m 至 1.6 m 与测试声源高音声中心相同；

（4）调节测试系统输出，使测点的信噪比满足要求；

（5）在规定的扩声系统传输频率范围内，按 1/3 倍频程（或 1/1 倍频程）中心频率逐点在观众厅内各测点上，以及扩声系统传声器处分别测量声压级；

（6）按照《厅堂扩声特性测量方法》GB/T 4959—2011 附录 A 的计算方法求出稳态声压级平均值 L_{Faver}；

（7）上述稳态声压级平均值 L_{Faver}，与扩声系统传声器处稳态声压级 L_{F} 的差值，即为全场传输频率范围内的传声增益，以分贝（dB）表示。

$$Z = L_{\mathrm{Faver}} - L_{\mathrm{F}} \tag{2-7}$$

式中　Z——全场传输频率范围内的传声增益，dB；

L_{Faver}——稳态声压级平均值，dB；

L_{F}——扩声系统传声器处稳态声压级，dB。

3. 实验设备及器件

（1）声学测量软件平台；

（2）声级计（精度 1 级）；

（3）功率放大器；

（4）传声器；

（5）无指向声源；

（6）声级校准器。

4. 实验步骤

1）测量规范及测点分布

测量主要参考《厅堂扩声特性测量方法》GB/T 4959—2011 标准，测量选在空场条件下进行。且测试厅堂应满足上述标准第 4.1 至 4.5 条的要求，在测试时，将扩声系统各设备按测试的声学参数需要进行调节，同时使测试环境满足相应的信噪比，测点分布应满足上述标准第 4.7 部分的要求。注意，针对不同功能厅堂，具体测点根据体型设置。

2）参数测量

（1）最大声压级

选取测试频率，在系统的传输频率范围内，测出各频程的声压级，数据填写在表 2-1 中。

（2）声场不均匀度

根据各测点在 1/3 倍频程测得的稳态声压级填写表 2-2，可得到相应的声场不均匀度。

（3）传输频率特性及传声增益

改变倍频程带通滤波器的中心频率，在系统传声器处和观众厅内的测点上分别测量声压级，按照本节“2. 实验原理”第“3）传输频率特性”步骤处理，数据填写在表 2–3 中。

按照本节“2. 实验原理”第“4）传输增益”步骤，计算稳态声压级平均值 L_{Faver} 与扩声系统传声器处稳态声压级 L_F 的差值，即为全场传输频率范围内的传声增益，处理后的数据填写在表格 2–3 中。

表 2–1　最大声压级处理结果（1/3 倍频程或 1/1 倍频程）

测点	声压级 /dB	剩余增益 /dB	最大声压级 /dB	平均最大声压级 /dB
1				
2				
3				
……				
N				

表 2–2　声场不均匀度处理结果

频率 /Hz	各测点声压级 /dB			
	平均值	最大值	最小值	不均匀度
1000				
4000				

表 2–3　传输频率特性和传声增益处理结果（1/1 倍频程）

频率 /Hz	63	125	250	500	1000	2000	4000	8000	平均
频率特性 /dB									
传声增益 /dB									

5. 实验报告要求

实验报告应包含以下内容：

（1）测量人员姓名和测量日期；

（2）测量所使用的测量仪器、测试场景，以及测量框图、测点分布图等；

（3）数据处理后应填写在相应表格中。

6. 思考题

控制厅堂扩声系统声场不均匀度适中的方法有哪些?

Chapter3

第3章 超声实验项目

Ultrasound Experiments

作为声学的一个重要分支，超声学是研究超声的科学，包括研究超声的产生、接收和在媒质中的传播规律、超声的各种效应等。超声在基础研究和国民经济发展中得到广泛应用，其中超声波探伤是利用材料及其缺陷的声学性能差异对超声波传播波形反射情况和穿透时间的能量变化来检验材料内部缺陷的一种无损检测方法，具有检测厚度大、灵敏度高、速度快、成本低、对人体无害，可对工件缺陷进行定位和定量等优点。

脉冲反射式超声波探伤仪应用最为广泛，其原理是在同一均匀介质中，如存在缺陷将造成材料不连续，进而导致声阻抗不一致。由反射定理可知，超声波在两种不同声阻抗的介质的界面上会发生反射。反射回来的声波能量的大小与交界面两边介质声阻抗的差异和交界面的取向、大小有关。由于脉冲波的传播时间与声程成正比，因此可由回波信号判别是否存在缺陷，也可由缺陷回波信号出现的位置来确定缺陷距探测面的距离，从而实现缺陷定位与定量。脉冲反射法有纵波探伤和横波探伤，脉冲反射法在垂直探伤时用纵波，在斜射探伤时用横波。一般在超声波仪器示波屏上，以横坐标代表声波的传播时间，以纵坐标表示回波信号幅度。

超声波检测时对工作表面要求平滑，通常适用于厚度较大的零件检验，同时辨别缺陷种类也要求检验人员具备一定的经验。

在超声波检测的物理基础、基本原理、检测工艺、检测标准和检测规范设计等方面，开展薄板厚度测量，以及工件焊缝缺陷检测，具有重要意义。

3.1 实验二十四 薄板厚度检测

1. 实验目的

掌握利用超声共振法测量薄板厚度。

2. 实验原理

超声检测是工业上无损检测的方法之一。超声波进入物体遇到缺陷时，一部分声波会产生反射，发射器 / 接收器可对反射波进行分析，就能精确地测出缺陷，并且能显示内部缺陷的位置和大小，也可测定材料厚度等。

超声波是频率高于 20 kHz 的机械波。在超声探伤中常用的频率为 0.4 MHz ~ 25 MHz，其中用得最多的是 1 MHz ~ 5 MHz。这种机械波在材料中能以一定的速度和方向传播，遇到声阻抗不同的异质界面就会产生反射。这种反射现象可被用来进行超声波探伤，最常用的是脉冲回波探伤法。探伤时，脉冲振荡器发出的电压加在探头上，探头发出的超声波脉冲通过声耦合介质（如机油、水等）进入材料并在其中传播，遇到缺陷后，部分反射能量沿原途径返回探头，探头又将其转变为电脉冲，经仪器放大而显示在示波管的荧光屏上。除回波法外，还有用另一探头在工件另一侧接收信号的穿透法。

同时，还可利用超声波在工件中的声速、衰减和共振等特性，进行材料的物理特性检测。当工件的厚度为超声波波长的 1/2 或其整倍数时，入射波与反射波叠加，在工件内产生驻波，如图 3-1 所示。如果工件厚度已知，则由基本共振频率可求出工件的声速，而工件的声速又与材料的弹性常数有关，故可判断材料的性质。

在测量较薄的工件厚度时，在已知材料声速的情况下，通过对其回波信号进行谱分析，找到其共振频率，从而计算得到其厚度 l。厚度 l 可由下式计算：

$$l=\frac{nc}{2f}\quad n=1,\ 2,\ 3\cdots \tag{3-1}$$

式中 c——钢中的纵波声速 5920 m/s；

f——共振频率。

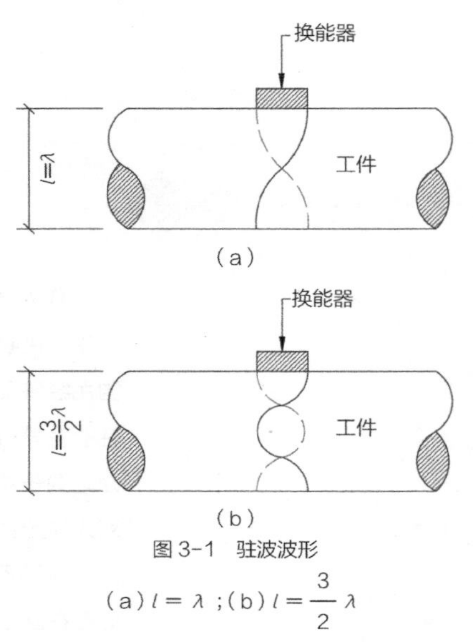

图 3-1 驻波波形

(a) $l=\lambda$；(b) $l=\frac{3}{2}\lambda$

超声检测法穿透能力较大，例如在钢中的有效探测深度可达 1 m 以上；对平面型缺陷如裂纹、夹层等，探伤灵敏度较高，并可测定缺陷的深度和相对大小，设备轻便，操作安全，易于实现自动化检验。但超声检测法不易检查形状复杂的工件，其要求被检查表面有一定的光洁度，并需有耦合剂充填满探头和被检查表面之间的空隙，以保证充分的声耦合。对于有些粗晶粒的铸件和焊缝，因易产生杂乱反射波而较难应用。此外，超声检测还要求有一定经验的检验人员来进行操作和判断检测结果。

3. 实验步骤

（1）连接好测试系统；

（2）安装 250 kHz 换能器，调整换能器角度，使其垂直于钢板平面；

（3）调试发射信号频率，使 250 kHz 换能器得到最大波形；

（4）观察共振波形，记录波形上数据；

（5）对350 kHz、450 kHz换能器重复第“（2）”至第“（4）”步骤。

4. 实验数据处理

（1）分别记录 250 kHz、350 kHz 和 450 kHz 换能器测量的 8 mm、10 mm 厚钢板时域图与钢板回波频谱图；

（2）确定 8 mm、10 mm 厚钢板共振频率及其检测的厚度；

（3）计算相对误差，如表 3-1 所示。

表 3-1　相对误差计算表

频率 /kHz	8 mm 板共振频率	8 mm 板厚度测量值	10 mm 板共振频率	10 mm 板厚度测量值
250				
350				
450				

5. 实验设备与器件

（1）信号发生器；

（2）示波器；

（3）8 mm、10 mm 厚钢板；

（4）250 kHz、350 kHz、450 kHz 换能器。

6. 思考与讨论

（1）试分析薄板测量厚度与换能器的中心频率及其带宽的关系是什么？

（2）测出的时域信号共振回波为何会出现多个包络的情况？

3.2　实验二十五　焊缝超声探伤

1. 实验目的

理解超声波探伤的基本原理，通过波形分析工件内部缺陷。

2. 实验原理

超声波探伤是利用超声波在物质中的传播、反射和衰减等物理特性来发现缺陷的一种探伤方法。超声波探伤具有灵敏度高、探测速度快、成本低、操作方便、探测厚度大、对人体和环境无害，特别对裂纹、未熔合等危险性缺陷探伤灵敏度高等优点，可用于探测试件的内部缺陷。

使用直探头发射纵波，进行探伤的方法，称为纵波法（垂直入射法）。广泛适用于铸造、锻压、轧材及其制品及工件的探伤，该法对与探测面平行的缺陷检验效果最佳。其中垂直法分为单晶探头反射法、双晶探头反射法，单晶探头用于大型工件检测，如轧辊、大型圆钢、大型铝锭等工件缺陷检测，双晶探头用于检测厚度相对较小，检测精度要求较高的工件。

将纵波通过耦合剂介质倾斜入射至试件探测面，利用波型转换得到横波进行探伤的方法，称为横波法。由于透入试件的横波束与探测面成锐角，所以又称为斜射法，如图 3-2 所示。此方法主要用于管材、焊缝的探伤，同时可作为其他试件探伤，一种有效的辅助手段，用以发现垂直探伤法不易发现的缺陷。

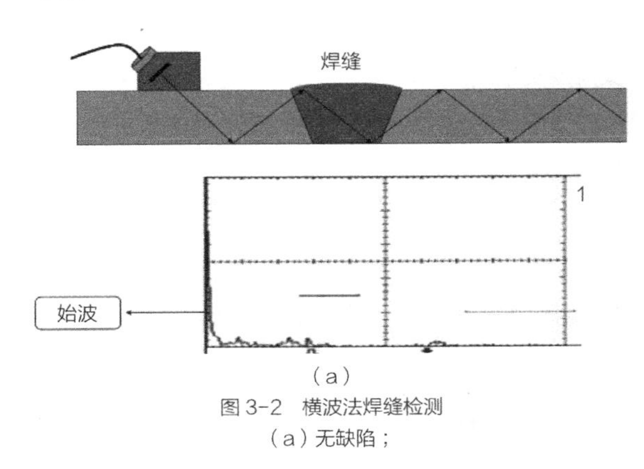

（a）

图 3-2　横波法焊缝检测

（a）无缺陷；

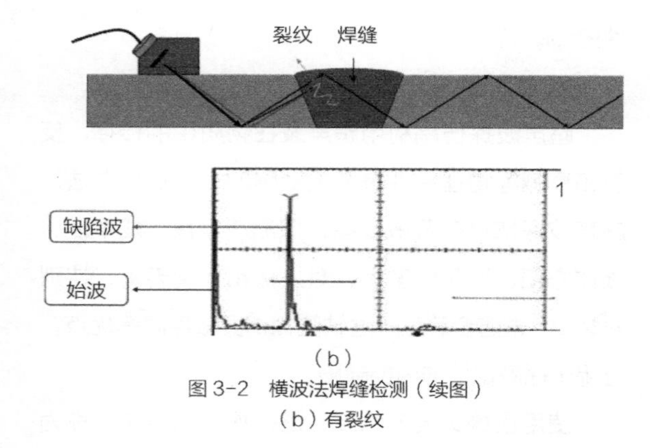

（b）

图 3-2 横波法焊缝检测（续图）

（b）有裂纹

3. 实验设备与器件

（1）数字超声波探伤仪；

（2）横波斜探头（5 M13×13 K2）；

（3）标准试块（CSK-1B、CSK-3 A）；

（4）25 mm 厚钢板（对接焊缝）。

4. 实验步骤

（1）将探头和超声探伤仪连接，开启面板开关，开机自检，进入探伤界面；

（2）输入材料声速 3230 m/s；

（3）仪器调整。

1）探头前沿校准

将探头放在 CSK－1B 标准试块的 0 位上，前后移动探头，使试块 $R100$ 圆弧面的回波幅度最高，且回波幅度不超出屏幕。在回波幅度达到最高时，保持探头不动，在与试块“0”刻度对应的探头侧面做好标记，这点就是波束的入射点。前沿距离校准，从探头刻度尺上直接读出试块“0”刻度所对应的刻度值，即为探头的前沿值。如图 3-3 所示，用刻度尺测量 L 值，前沿 $x = 100 - L$，将探头前沿值输入“探头”功能内的“探头前沿”中，探头前沿测定完毕。

2）探头零点校准

按图 3-2 所示的方法放置探头，用闸门套住最高波，调整探头零点直到声程 $S = 100$，“探头零点”调整完毕。

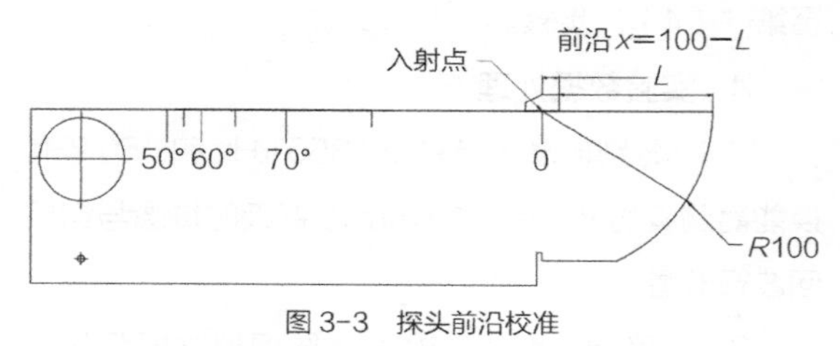

图 3-3 探头前沿校准

3）探头 K 值校准（折射角校准）

如图 3-4 所示，将探头放在 CSK-1 B 标准试块适当的角度标记位置上。前后移动探头，找到试块边上大圆孔的回波波峰时，保持探头不动。在试块上读出入射点与试块上对齐的 K 值，这个角度为探头的实际 K 值，将此值输入设备。或通过计算斜率校准，当菜单焦点在探头角度选项下的时候，点击“冻结”按钮，菜单显示“$L = 80.0$”，可实际测量 L 值，利用“+、−”键输入 L 值，然后再次点击“冻结”按钮，探伤仪按式（3-2）自动计算 K 值。

$$K = \frac{P+X}{d} = \frac{(L-35)+X}{30} \quad (3\text{-}2)$$

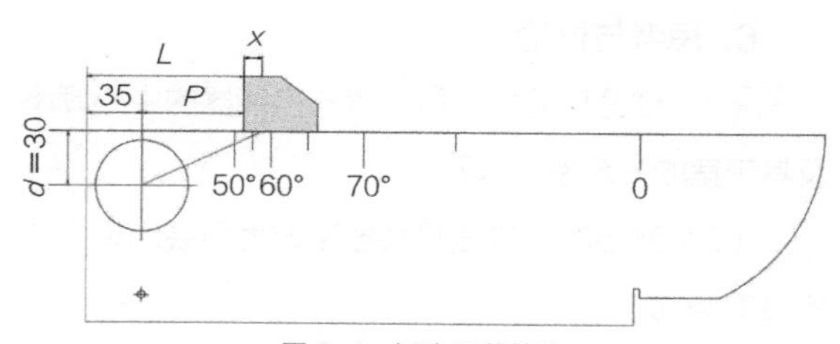

图 3-4 探头 K 值校准

4）制作 DAC 曲线

用 CSK－3 A 试块制作 DAC 曲线，移动探头找到孔深为 10 mm 的最高回波，并将 A 闸门套住此波，按“+”键，使标定点增加为“1”。移动探头找到孔深为 20 mm 的最高回波，并将 A 闸门套住此波，按“+”键，使标定点增加为“2”。此时已添加了两个标定点，DAC 曲线已经生成。根据探伤需要，可以继续找到孔深为 30 mm、40 mm、50 mm 等反射体的最高回波，使标定点增加为 3、4、5，DAC 曲线制作完毕。在 DAC2 菜单上，输入标准，设置判废线偏移量 −4 dB，定量线偏移量 −10 dB，评定线偏移量 −16 dB。

5）工件扫查

（1）通过调整探伤灵敏度，使 DAC 曲线完整显示在屏幕上，然后开始探伤；

（2）探伤时一般是使探头垂直焊口走向并沿焊口走向做锯齿型扫查，如图 3-5、图 3-6 所示；

（3）探头沿焊口走向（前后）移动的距离：0 ~ 100 mm；计算方法：起点（位置 1）：0，终点（位置 2）：$S = 2K \cdot T = 2 \times 2 \times 25 = 100$（mm）（其中 K 表示探头斜率，T 表示工件厚度）；

（4）探头沿焊口走向（左右）移动速度小于等于 150 mm/s。

5. 实验数据处理

1）存储探伤波形和数据

将探伤波形和数据存储到相应组号。

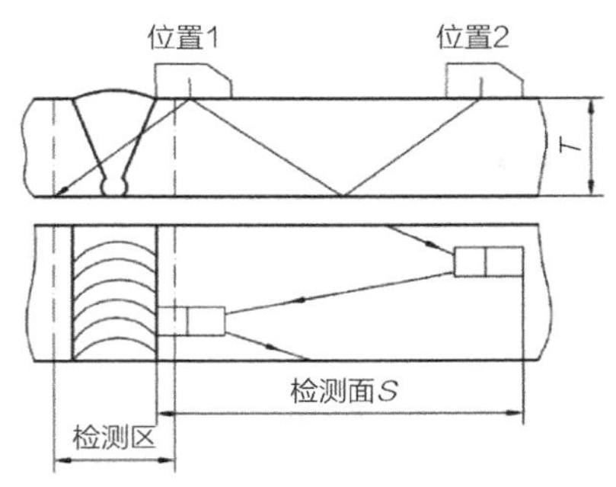

图 3-5　检测面示意图

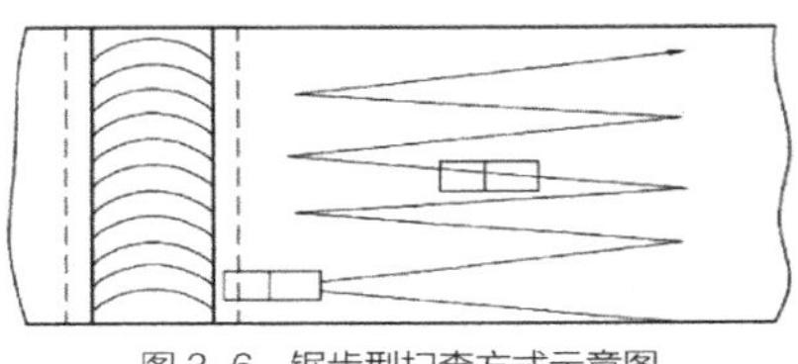

图 3-6　锯齿型扫查方式示意图

2）将设备与计算机连接，将探伤波形和数据上传到计算机，生成探伤报告。

6. 思考与讨论

（1）仪器调整时为何需要测定探头的实际 K 值?

（2）工件缺陷扫查的具体步骤是什么?

（3）工件缺陷评定包括哪些内容?

Chapter4

第4章 虚拟仿真实验项目

Virtual Simulation Experiments

随着计算机技术的发展，声场虚拟仿真技术也得到了长足的进步。目前，国内外虚拟仿真软件主要应用在厅堂音质设计、交通噪声预测、区域噪声环境预测、材料声学特性研究等方面。

厅堂音质设计中常使用 EASE、RAYNOISE、Odeon、CATT 等软件，对厅堂混响时间模拟、体积计算、材料布置、扩声系统性能预测及声场可视化等具有重要的指导作用。

在交通噪声预测、厂界噪声排放预测，以及区域噪声环境预测中常使用 CadnaA、SoundPLAN 等软件。对噪声治理方案的制订，以及材料的选用具有重要的指导作用。

此外，COMSOL 软件被广泛应用于声学材料研发过程中，如声学超材料的研究、声学材料模态研究、材料吸声，以及隔声特性研究等。该软件具有丰富的自由度，可同时与多种设计软件链接，为研究提供了更多的可能。

4.1 实验二十六 室内声场计算机辅助设计（一）：模型建立

1. 实验目的

了解EASE软件在室内声场设计中的相关功能，掌握使用EASE软件新建房间模型的方法，能够绘制相应的房间构成元素，掌握消除孔洞方法并封闭房间。

2. 实验原理

EASE软件是“The Enhanced Acoustic Simulator for Engineers”的缩写，意为增强的工程师声学模拟软件，可为建筑师、音响工程师、声学顾问和建筑商等提供建筑的声学特性和扩声系统特性的模拟仿真研究。随着技术的进步和市场需求的变化，EASE软件不断发展和改进，提高了模拟精度和功能，逐渐成为室内声学设计和分析领域的常用软件之一。EASE4.3版本由一系列的程序模块所组成，如图4-1所示，包含EASEJR、EASE、AURA、EARS等模块。

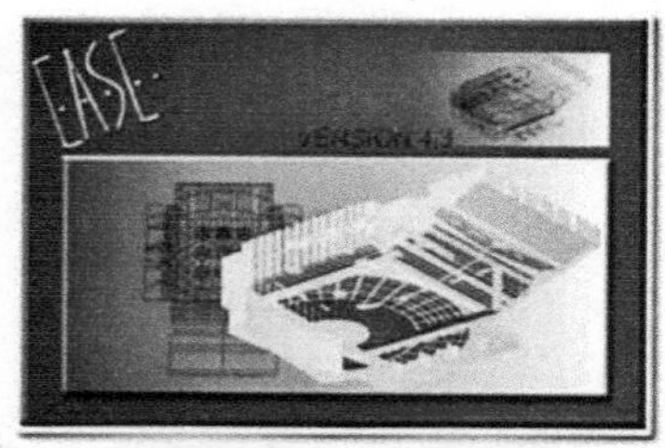

图4-1 EASE软件程序模块示意图

软件计算和显示功能主要有：厅堂混响时间与频率的关系曲线，厅堂听众区域在不同频率下的直达声声场声压级分布曲线，厅堂听众区域在不同频率下的直达声混响声总声场的声压级分布曲线，厅堂听众区辅音清晰度损失率分布曲线，厅堂听众区快速语言传递分布曲线，声音的清晰度如直达声与混响声的声能比C_7、语言清晰度（明晰度）C_{50}、音乐清澈度（透明度）C_{80}，一定时间内的直达声与混响声声能之和，扬声器在听众区的瞄准点，以及声场的等声压级图，扬声器在 -3 dB/-6 dB/-9 dB覆盖角的声线图，在听众席某一测试点处的加权或不加权的频率响应曲线等。

3. 实验步骤

1）创建项目

在EASE4.3软件主界面点击“文件”（File）按钮，如图4-2所示，点击“New Project”创建一个新的工程，随后把工程名字信息填入。随后点击“Edit”（编辑）按钮，点击“项目数据”（Project Data）后画面跳转到一个有X，Y，Z基础坐标系的项目编辑界面，在此模块进行后续建模。

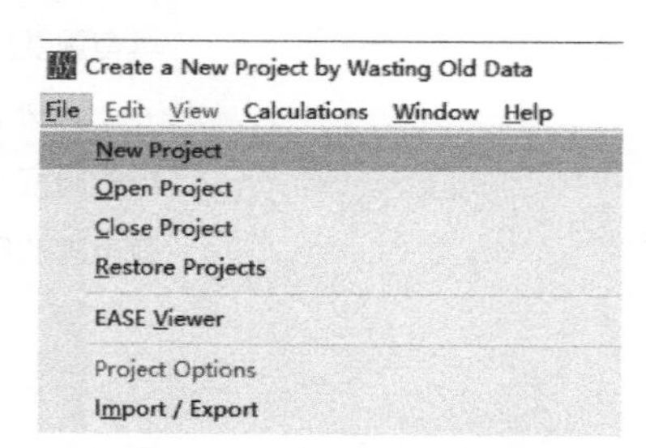

图4-2 新建工程项目示意图

2）项目数据设置

在有X，Y，Z基础坐标系的建模窗口点击鼠标右键弹出菜单列表，选择“Room Data”（房间数据），在项目开始时可勾选“Room Open”（房间开放）选项。所要建模的项目若是对称，为了方便建模，节省更多时间，可勾选“Room Symmetric”（房间对称）选项，而对于一些复杂的模型，建议少使用“Room Symmetric”（房间对称）选项，来尽量减少孔洞的产生。

3）绘制房间模型

根据现场实际测量的房间数据，以及房间图纸确定构成项目模型的点的坐标，绘制出对应顶点，然后根据对应形体连接顶点，连点成线，由线段再构成面，然后通过面的组合，最终形成需要的模型形体。在 EASE4.3 软件中也可采用一些快捷的制图方法，在输入长、宽、高，以及半径之后，可以直接插入一些多面体，例如圆台、圆柱等立体图形。在绘制一些规则形体时，这将大大提高使用者的效率。在这一步，也可选择用 AutoCAD 等软件将房间模型导入。

4）检查房间孔洞

房间模型建立之后，需要进行孔洞检测（Check Hole）的操作。在“Edit Room Date”（房间数据设置）里面取消勾选，把房间关闭。点击“Tools”（工具）选项下的“Check Hole”（孔洞检测），EASE 软件便会显示房间是否存在孔洞，以及产生孔洞的部位。存在孔洞的房间模型，必须对房间进行检测和修改，把孔洞消除，直到出现图 4-3 提示，即完成房间模型建立。

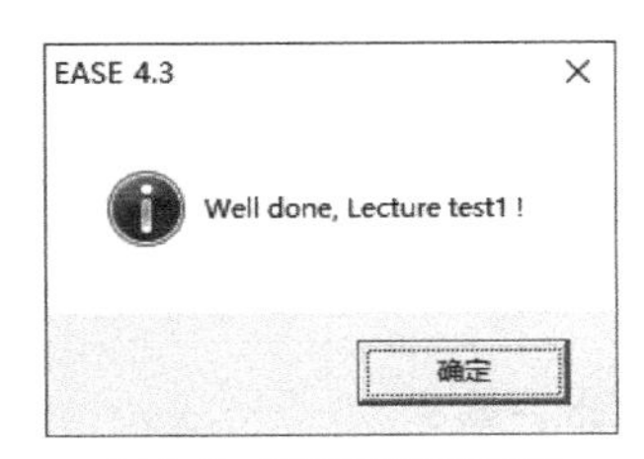

图 4-3　房间无孔洞提示图

4. 实验报告要求

实验报告应包含以下内容：

（1）房间模型中应包含门、窗、舞台等基本要素；

（2）项目编辑界面输出全方位视图；

（3）需提供房间无孔洞的提示图，以及房间数据设置截图。

5. 思考题

房间孔洞产生的原因有哪些?

4.2　实验二十七　室内声场计算机辅助设计（二）：混响时间优化

1. 实验目的

了解 EASE 软件内吸声材料数据库的组成，掌握房间模型内吸声材料的设置方法，掌握优化房间混响时间方法。

2. 实验原理

建模完毕的房间，各墙面、窗面等的默认材质是理想的全吸声（Absorber）材料，由于和实际情况不符，使用者需要设置模型吸声材料。EASE 房间元素中“面”是由三个或三个以上的“顶点”用直线段连接而成的，如地板、顶棚、门、窗、墙壁等。“面”分为单折面和双折面两种。“单折面”是只有一个面参与对声音进行吸收和反射，参与声学特性的计算过程。“双折面”是两个面都参与对声音进行吸收和反射，参与声学特性的计算过程。

在建立房间模型过程中，“双折面”有两种用法：

一种是用来贴在另外一个面（指单一吸声面）上，当然只占另外一个面的其中一部分，用其所具有的吸声材料覆盖原有面这一部分的吸声材料。换言之，即用双折面的吸声材料取代这一部分的吸声材料，参与对声音的吸收。可以看出，此时只有双折面的正面在起作用。双折面的反面和被贴的那一部分面的吸声功能都自然失效。当然，贴的时候双折面的顶点必须在原有面上，以保证贴得严丝合缝。这种用法通常如增加门、窗、地毯或听众座位区等。

另一种是用来作为空间吸声体或浮云顶棚，例如像体育馆等大型厅堂，空间容积大，这样混响时间可能比较长，为了控制混响时间就需要增加房间的吸声量，如悬挂空间吸声体。双折面用作空间吸声体就不再和构成房间的其他面发生联系了，这样双折面的正、反面都可以对声音进行吸收和反射，参与声学特性的计算过程。

房间中的“面”有正反面之分，凡对声音传播造成影响（声吸收或反射）的面称为正面，也就是房间的非可视面；反之，称为反面，也就是房间的可视面，或称为房间模型的外表面。在查看房间时，选中“单折面”正面，该面呈黄色；选中反面，该面呈白色。选中“双折面”正面，该面呈橘红色；选中反面，该面呈蓝色。

3. 实验步骤

1）设置吸声材料

选中面，呈现黄色或者白色，点选鼠标右键，选择“Properties”（属性），在弹出的界面中，选择“Materials”（材料），设置正反面的吸声材料，相关设置如图 4-4 所示。

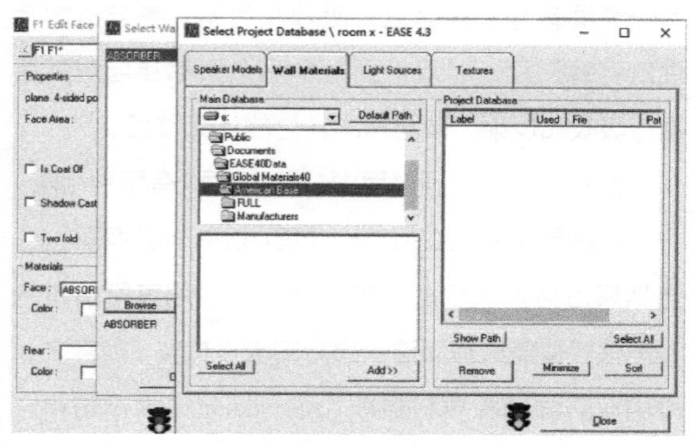

图 4-4　面的吸声材料选择显示图

EASE 软件自带的材料库中包含有一个完整的吸声材料数据库，以及各吸声材料厂商数据库，如图 4-4 中文件夹所示。除软件本身提供的材料库外，也可使用自行录入吸声材料的数据。只需要选择创建新的吸声材料，随后输入与频率 125 Hz、250 Hz、500 Hz、1000 Hz、2000 Hz、4000 Hz，以及 8000 Hz 对应的吸声系数，最后给材料命名即可。

2）计算混响时间及 RT 优化

在“View”（视图）栏执行“Room RT”（房间混响时间），可以得到软件计算的当下吸声材料的房间混响时间曲线，以及房间容积。可以依据房间容积及房间使用用途确定房间的最佳混响时间 RT desired（期望值），随后把得到的期望值输入“Edit Room Date”（编辑房间数据）的“Room RT”（混响时间）里。再次打开“View”（视图）选项里的“Room RT 视图”。在该视图下，选择“Tolerance”（公差）栏下“Standard”（标准显示）即可观察当前材料下的房间 RT 与期望值 RT 之间的差别（图 4-5），通过比较高中低频率下两曲线的区别，更改不同吸声系数的吸声材质或结构，最终使得混响时间曲线与期望值 RT 趋近一致。

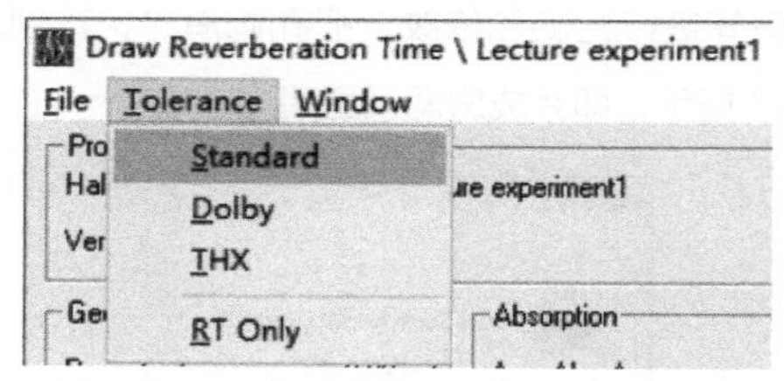

图 4-5　混响时间与期望的公差标准选择显示图

4. 实验报告要求

实验报告应包含以下内容：

（1）房间模型中应包含门、窗、舞台、台阶等基本要素；

（2）输出项目编辑界面混响时间与期望的公差标准显示图；

（3）需提供面列表吸声材料设置截图。

5. 思考题

（1）对一个双折面设置吸声材料时，如何进行正面或者反面的材料选择？

（2）为了满足房间的混响时间特性要求，设置和选择吸声材料有哪些要求？

4.3　实验二十八　室内声场计算机辅助设计（三）：扬声器设置

1. 实验目的

了解 EASE 软件内扬声器数据库的组成，掌握扬声器选型、摆放方法，掌握绘制声线覆盖线的方法。

2. 实验原理

“听声面”就是位于观众厅座位区上方，距离地面 1.2 m 处的一个虚拟平面，用绿色轮廓线表示，该平面用来计算和显示厅堂声学特性。

“测试点”用红色椅子符号表示，用来研究和观察在 EASE 软件中某一座位处的声学特性。测试点指向 y 轴负方向，投射角方向规定如下：“Ver”（垂直角）从水平面升高为正方向，降低为负方向；“Hor”（水平角）向左为正方向，向右为负方向，0 正对 y 轴负方向；“Rot”（旋转角）顺时针旋转为正方向，逆时针旋转为负方向。在 EASE 模型中插入一个测试点，默认设置的方向表现为椅子符号朝向前方舞台。

“扬声器”用蓝色扬声器符号表示，根据其型号及所起作用，决定其摆放位置和指向，投射角方向规定同上。在软件扬声器数据库中选择扬声器型号，需要考虑扬声器指向性、功率等参数，同时还应考虑扬声器的功能。

3. 实验步骤

1）绘制听声面

选中某个面呈黄色或白色，单击鼠标右键，弹出鼠标菜单，单击在一个面上绘制听声面（Area above Face），显示如图 4-6 所示的编辑听声面数据框，是在原座位区上方 1.2 m 处由 4 个顶点构成的面，单击“Ok”键确认数据后，完成听声面的绘制。

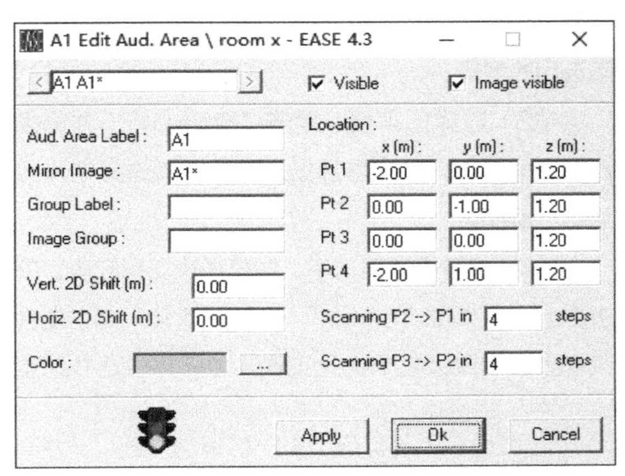

图 4-6　插入听声面图

2）测试点插入方法

执行“Insert”（插入），选择测试点、听众座椅（Listener Seat），出现带斜箭头的椅子光标符号，移到听声面上方，单击后弹出图 4-7 所示的编辑测试点对话框。测试点标号根据插入数目自动生成，第一次插入为 1。坐标点在“Location”（位置）下填写，“View Angle”（视角）默认为 180°，按实际需求更改。单击“Apply”键（应用数据）信封消失，绿灯亮，单击“Ok”键即可。

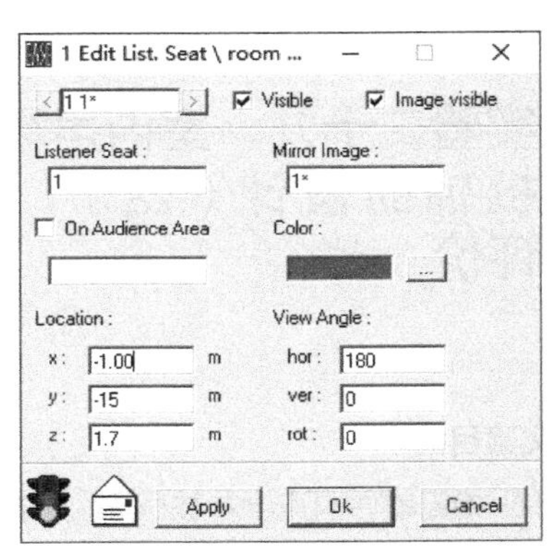

图 4-7　插入测试点图

3）选择扬声器并摆放

（1）设置扬声器位置。执行“Insert”（插入），选择插入“Loudspeaker”（扬声器），弹出如图4-8所示窗口，编辑扬声器数据。扬声器默认型号是“SPHERE”（无方向性扬声器）需要改为实际选用的型号。

（2）选择扬声器。单击“Browse”（浏览扬声器型号）键，弹出选择扬声器厂家和选择扬声器型号对话框。

（3）设置扬声器功率，调整扬声器指向角。单击右上方的“All To Max”（功率最大化）键，使各频率全部用最大功率进行工作，按照需求调节扬声器指向角。

4. 实验报告要求

实验报告应包含以下内容：

（1）房间模型中应包含门、窗、舞台、台阶、听声面、测试点、扬声器等基本要素；

（2）项目编辑界面输出全方位视图；

（3）需提供扬声器型号、位置信息等设置截图；

（4）输出扬声器 -3 dB/-6 dB/-9 dB 声线覆盖线。

5. 思考题

为了满足厅堂扩声性能要求，扬声器的摆放应满足哪些要求？

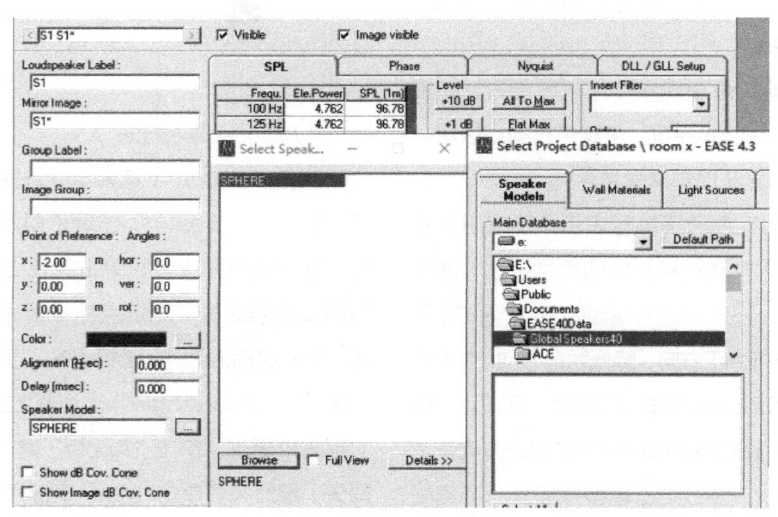

图4-8 插入扬声器界面图

4.4 实验二十九 室内声场计算机辅助设计（四）：音质评价

1. 实验目的

熟悉EASE软件内声学参数概念，掌握不同参数的模拟仿真实现过程，能够完善并优化房间模型。

2. 实验原理

直达声是采用在自由声场中计算单个扬声器所产生的声压，再考虑多个扬声器进行合成的声压。直达声声压级（Direct SPL）的 L_d 可由式（4-1）计算。

$$L_d = L_k + 10\lg P + 10\lg\left[\frac{\Gamma^2(\theta)}{r^2}\right]\text{(dB)} \tag{4-1}$$

式中　L_k——扬声器特性灵敏度级，dB@1m/1W；

P——扬声器最大电功率，W；

r——听众至扬声器之间的距离，m；

$\Gamma(\theta)$——某一频率（或频程），与扬声器参考轴成角度 θ 处辐射的声压 p 和在参考轴上离声中心等距离处产生的声压 p_0 之比，即 $\Gamma(\theta)=\dfrac{p(\theta)}{p_0(\theta)}$。

Alcons 表示辅音清晰度损失率。普茨长公式（Peutz Long Form）是在主观评估和预测值之间建立的最佳联系。在考虑辅音清晰度中 500 Hz 是考虑的最低频率。500 Hz 对声音清晰度的贡献大约是 16%。1 kHz 是声音清晰度考虑的中间频率，1 kHz 对声音清晰度的贡献约为 25%。2 kHz 是声音清晰度考虑的最高频率，2 kHz 对声音清晰度的贡献约为 34%。

辅音清晰度损失率可按下式计算：

$$\mathrm{Alcons}=10^{-2\times[(A+B\times C)-(A\times B\times C)]}+0.015 \tag{4-2}$$

式中

$$A=-0.32\lg\frac{p_{\mathrm{diff}}^2+p_{\mathrm{N}}^2}{10\times p_{\mathrm{dir}}^2+p_{\mathrm{diff}}^2+p_{\mathrm{N}}^2}$$

$$B=-0.32\lg\frac{p_{\mathrm{N}}^2}{10\times p_{\mathrm{diff}}^2+p_{\mathrm{N}}^2}$$

$$C=-0.5\lg\frac{RT}{12}$$

p_{diff}——声场分隔时间后的声压，Pa；

p_{dir}——声场至分隔时间的声压，Pa；

p_{N}——噪声声压，Pa。

普茨长公式中 Alcons 百分数参考值如表 4-1 所列。

快速语言传输指数即 RASTI。Alcons 并不是真实的测定值，它的值由普茨长公式算出。RASTI 和 Alcons 具有一定对应关系，Alcons 百分比越小，代表声音损失越少，声音清晰度也就越高。RASTI 清晰度的参考值如表 4-2 所列。

表 4-1　普茨长公式 Alcons 百分数参考值

参考值 /%	评价
0～7	非常好
7～11	良好
11～15	清晰
15～18	较差
18 以上	不能接受

表 4-2　普茨长公式 RASTI 参考值表

参考值	评价
0.60～1.00	非常好
0.45～0.60	良好
0.30～0.45	较差
0.00～0.30	不能接受

3. 实验步骤

选择扬声器并摆放好之后，设置好各个扬声器参数，点击“Edit”（编辑）栏下的“Check Data”（检查数据），无错误提示后主页面点击“Calculations”（计算），选择“Area Mapping”（面映射）或“Room Mapping”（空间映射）进入二维或三维标准声学特性绘图模块，对直达声压级、辅音清晰度损失率、快速语言传输指数等参量进行仿真。

1）计算直达声压级

进入二维或三维标准声学特性绘图模块后，点选图标，弹出如图 4-9 所示窗口，设置“Resolution”（显示分辨率）标签，如图 4-9 右下角所示，设置两条等压线之间的“Isoline Step [1 dB]”（声压级增量，如 1 dB）和“Patch Size”（小方块尺寸，如设为 1 m）。在图下拉菜单中选择“Direct SPL”（直达声声压级）计算参数，选择计算频率，左下角扬声器全部打开，点击“Ok”键，就得到相应参数的小方块图和弹出的参数值计算窗口。“Total SPL”（总声压级）、“D/R Ratio”（直达声 / 混响声比）等参数的计算和显示同上。

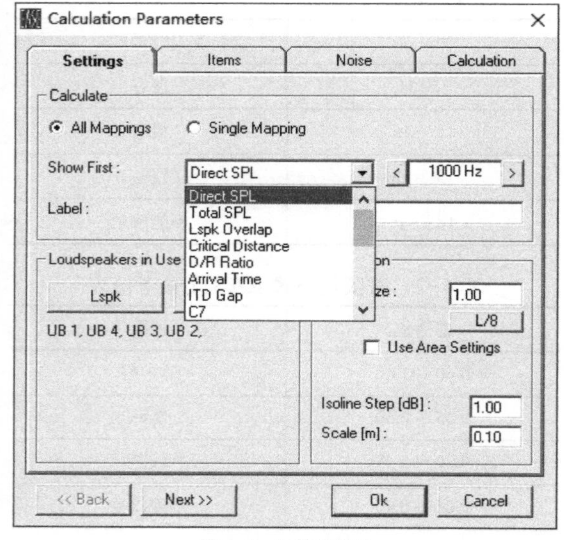

图 4-9 运算设置图

2）计算辅音清晰度损失率

在二维标准声学特性绘图程序界面，点选图标“ALC”，弹出的窗口中，选择“Articulation Loss”（辅音清晰度损失率）标签，打开全部扬声器，在“Calculation”（计算）选项卡，选择“Map With Shadow”（带声影绘图），工作频率选 2000 Hz，噪声填 35 dB，噪声开关接通，单击“Apply”和“Ok”键，就弹出相应参数的小方块图和弹出的参数值计算窗口。

3）计算快速语言传输指数

点选图标“STI”，选择快速语言传输指数标签，相应设置与上文“2）计算辅音清晰度损失率”一致。

4）优化模型

优化房间模型，按照相应参数要求，输出结果。

4. 实验报告要求

实验报告应包含以下内容：

（1）房间模型中应包含门、窗、舞台、台阶、听声面、测试点、扬声器等基本要素；

（2）输出倍频程下的最大声压级小方块图和值列表；

（3）输出 500 Hz、1000 Hz、2000 Hz 的辅音清晰度损失率小方块图和值列表，并做出相应评价；

（4）输出 500 Hz、1000 Hz、2000 Hz 的快速语言传输指数小方块图和值列表，并做出相应评价。

5. 思考题

如何评价扩声系统的声场不均匀度特性？

4.5 实验三十 厅堂音质预测及分析（一）：模型建立

1. 实验目的

了解 Odeon 建筑声学设计软件的功能，掌握建模导入方法。

2. 实验原理

Odeon 是由丹麦科技大学于 1984 年开始研究、开发的声学设计软件。软件采用基于几何声学原理的虚声源法与声线追踪法相结合的混合法进行计算机模拟，具备可听化功能。

软件包括基础版（Basics）、工业版（Industrial）、礼堂版（Auditorium）、综合版（Combined）。

Odeon 广泛应用于建筑声学、工业，以及环境噪声方面的预测、评估工作，早期版本 Odeon2.5 曾参加了 1995 年由德国声学学会组织的声学软件评测活动，在 16 个被测试的软件中，被认为是准确度最高的 3 个软件之一。

软件用户界面，如图 4-10 所示。

菜单栏：菜单栏为上下文菜单，当工作区域中的新窗口变为活动状态时，会在“Toolbar”（工具栏）和“Options”（选项）菜单之间添加一个额外的菜单。此菜单提供与活动窗口相对应的选项。

工具栏：工具栏起初是灰色的，不可选用，当房间模型正确加载后方可使用。工具栏提供了诸如“Room Information”（房间信息）、“Source-receive List”（声源及受声点设置列表）、“Material List”（材料列表）、“Room Setup”（房间设置）等一系列实用的功能。

工作区：当房间模型加载后，工作区将用于显示房间模型及设置各项计算参数。所有的设置及计算功能都将在工作区打开新窗口。

软件工作流程，如图 4-11 所示。

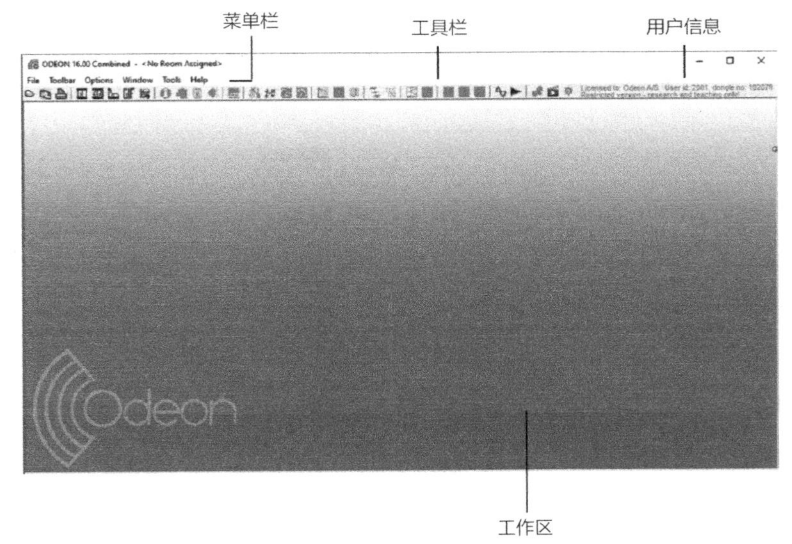

图 4-10　软件用户界面图

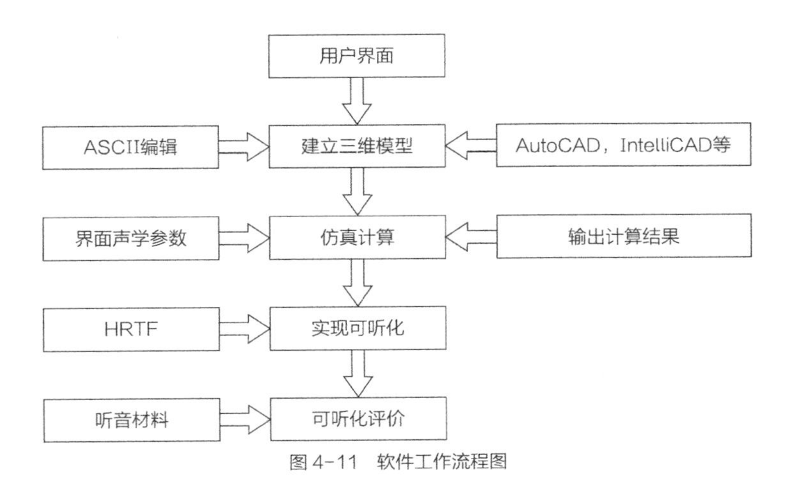

图 4-11　软件工作流程图

3. 实验步骤

在 SketchUp 中建立三维模型，而 Odeon 对三维模型有着较高的要求，具体要求如下。首先，模型必须由多个单层的面构成，其中最外侧一层的面必须是完全封闭的，当软件模拟声波以声线的方式在模型内部传播时，不能产生声线的泄漏。其次，组成模型的面必须是平面，不可以是弯曲的曲面，面与面之间不可以重叠。当模型存在曲面时，需要进行简化，将曲面用多个平面来无限逼近。以上两点要求，是 Odeon 模型可以计算的前提。当模型需要考虑某个面是敞开状态下，可以先设置封闭面，在软件中调用材料设置，将该面的吸声性能定义为：100%absorbent。

在 SketchUp 中建模时，需要注意当模型存在多个材料或材质时，需要分别新建和归纳到各自的图层。这样将便于后续在 Odeon 中实现对相同材质的表面快速定义吸声、散射性能。

完成建模后，模型可以通过 SketchUp 保存为 dxf 格式导入 Odeon，或采用 su2Odeon 插件，将 su 模型转化为 Odeon 可直读的文件格式（以 .Par 为后缀）。SketchUp 建模过程，如图 4-12 所示。

在 Odeon 中导入 dxf 文件或采用 su2Odeon 插件，如图 4-13 所示。

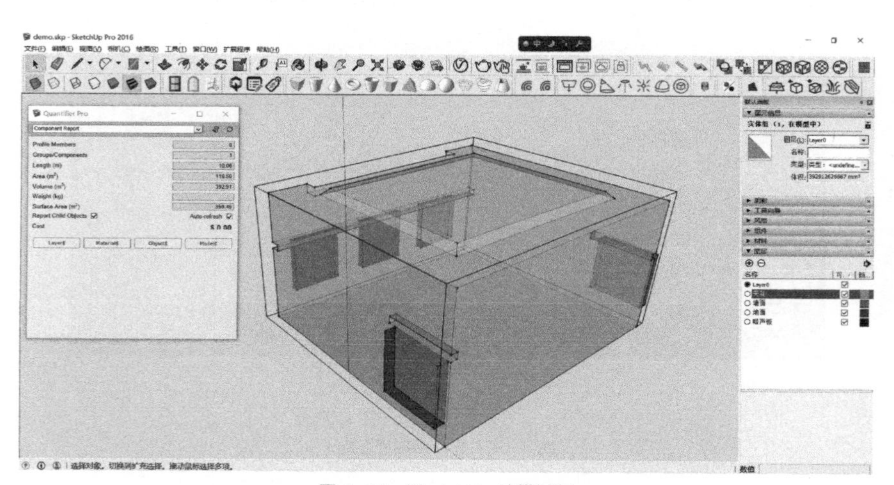

图 4-12　SketchUp 建模过程

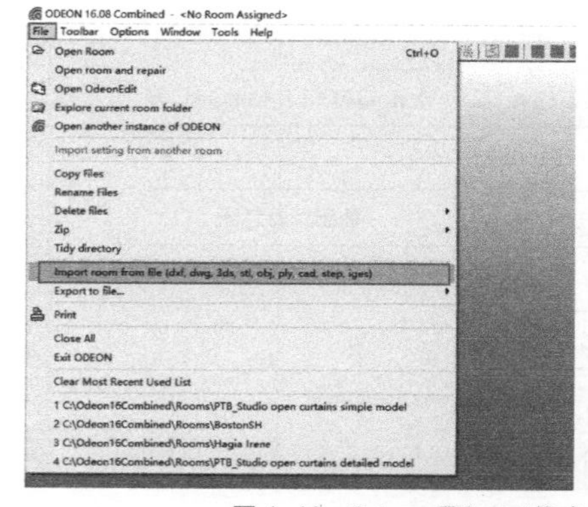

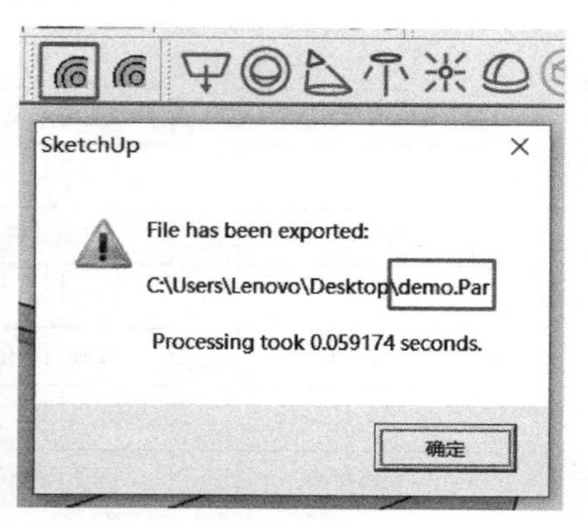

图 4-13　Odeon 导入 dxf 格式文件或采用 su2Odeon 插件导出

当采用 su2Odeon 插件导出以“. Par”为后缀可读文件时，打开方式为单击“File”（文件）选中“Open Room”（打开房间）选择导出时保存的文件目录下的“xxx.Par”文件，需要注意：文件名，以及文件路径需避免采用中文路径，否则可能导致导入或打开失败。

采用 su2Odeon 插件打开文件界面，如图 4-14 所示。

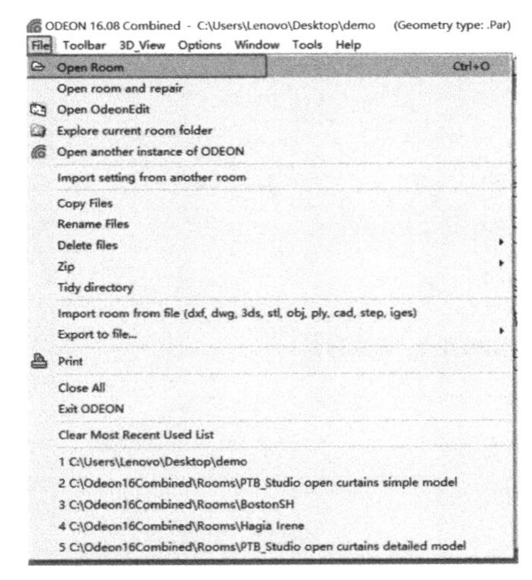

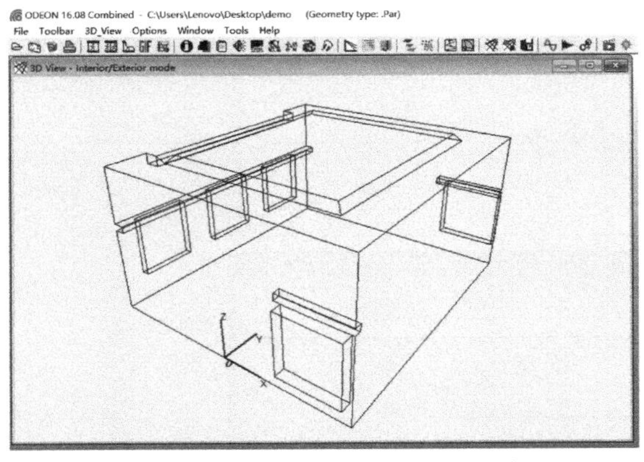

图 4-14　采用插件法打开 Odeon 可读文件用户界面图

4. 实验报告要求

实验报告应包含以下内容：

（1）模型的尺寸参数；

（2）建模相关的图纸，以及 SketchUp 模型源文件（以 m 或 mm 为单位）。

5. 思考题

为保证模型构建成功，建模过程中应注意哪些事项？

4.6　实验三十一　厅堂音质预测及分析（二）：参数计算

1. 实验目的

了解 Odeon 建筑声学设计软件的功能，掌握厅堂音质参数计算方法。

2. 实验原理

完成模型打开或导入后，需要对模型内的声源、受声点、材料、听音面，以及计算设置等进行定义。定义完成后，可求解房间参数。

3. 实验步骤

1）定义声源与受声点

在 Odeon 中执行任何计算之前，必须定义一个或多个声源。为了计算点响应，也必须定义受声点，但在计算全局混响时间时，可以先不用定义受声点。

单击“工具栏”上的“Source-receiver List”（声源及受声点设置列表）按钮“ ”，可打开声源及受声点设置列表，从该列表中定义声源和受声点，如图 4-15 所示。

（1）新建点声源

单击“Source-receiver List”右侧的本地工具栏中的新建点声源按钮“◎”，打开点声源编辑器。或者，按“Ctrl”键＋“RMB”（鼠标右键）从弹出的菜单中创建一个源。输入值 X = 0 m，Y = 2.0 m 和 Z = 1.5 m。旋转 3 D 编辑源显示[LMB（鼠标左键）按住并拖动] 以查看源的位置。可以看到当窗口变为活动状态时，菜单项中“3D_Edit_Source_Receiver”是如何出现在应用程序栏上的。所有在3D视图中可用的导航命令都可以在3D编辑声源接收器中使用（例如，敲击“空格”键在不同的预定义视图之间切换）。最后，将源的总增益设置为100 dB（或任意值）。其余可保持默认值，如图4-16所示。

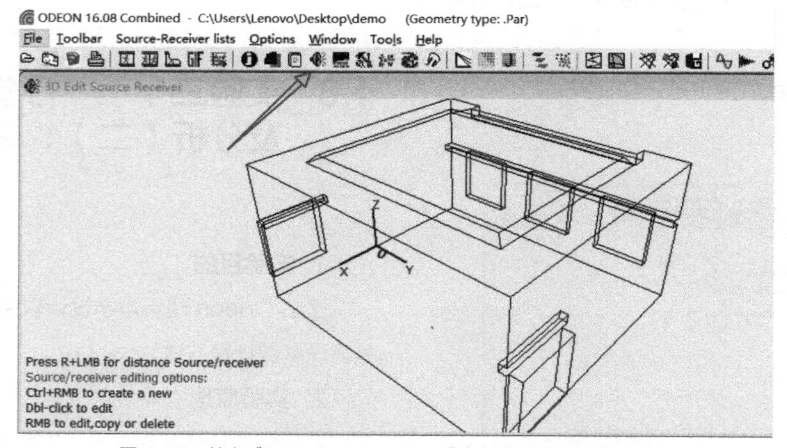

图4-15 单击“Source-receiver List”（声源及受声点设置列表）

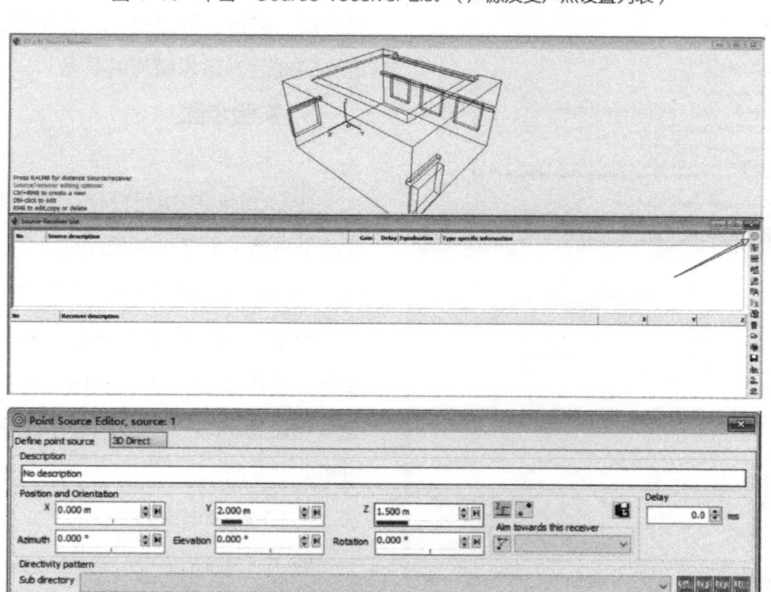

图4-16 新建点声源

当声源无法用点声源表示时，可以使用线声源或面声源。人嘴在建模时可作为一个点声源，高速公路上的交通噪声可以用线声源来模拟，大型工业设备产生的噪声可以使用面声源来模拟。

（2）定义受声点

① 单击“New Receiver”按钮“”打开受声点编辑器；

② 在新建受声点 1 输入：X = 0.0 m、Y = 5.0 m、Z = 1.2 m；受声点 2 输入：X = 0.0 m、Y = 8.0 m、Z = 1.2 m；

③ 关闭受声点编辑器即可保存编辑结果，新建受声点如图 4-17 所示。

2）定义材料特性

单击工具栏的“Material List”（材料列表）按钮“”，可进入计算模型材料设置界面（快捷键“Shift + Ctrl + M”），材料列表有两个主要部分。左手边是房间里所有表面的列表。点击任意一条线，对应的曲面在 3DView 中以红色高亮显示。

在材料列表的右侧显示了 Odeon 默认材料，每个材料都由一系列吸收系数定义，其频程为 63 Hz 至 8000 Hz。除了 Odeon 软件自带的默认材料，也可以通过单击“Edit Material Library File”（编辑材料库文件）按钮进行材料吸声系数的自定义。当修改或自定义“编辑材料库文件”时，需要注意材质编号不得与材料库文件内现有的编号重复。

（1）单击“Edit Material Library File”按钮打开材料库编辑器；

（2）新建材料信息如表 4-3 所示；

（3）快捷键“Ctrl + S”保存新建信息并关闭编辑器；

（4）单击“Reload Material Library”（快捷键“Ctrl + R”）刷新材料库，如图 4-18 所示；

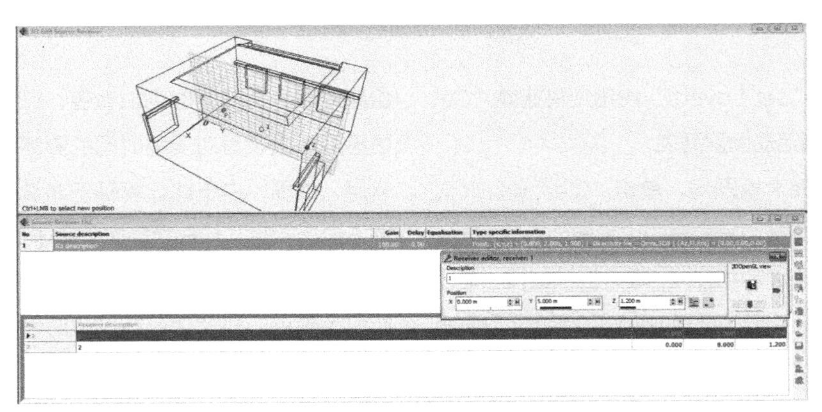

图 4-17　新建受声点

表 4-3　新建材料吸声系数信息表

名称	编号	频率 /Hz								
		63	125	250	500	1000	2000	4000	8000	
顶棚	153001	0.18	0.15	0.09	0.06	0.03	0.02	0.02	0.02	吸声系数（α）
墙面	153002	0.18	0.12	0.06	0.05	0.03	0.02	0.02	0.02	
吸声板	153003	0.40	0.50	0.81	0.85	0.98	0.95	0.90	0.85	
地面	153004	0.05	0.08	0.12	0.18	0.30	0.35	0.40	0.42	

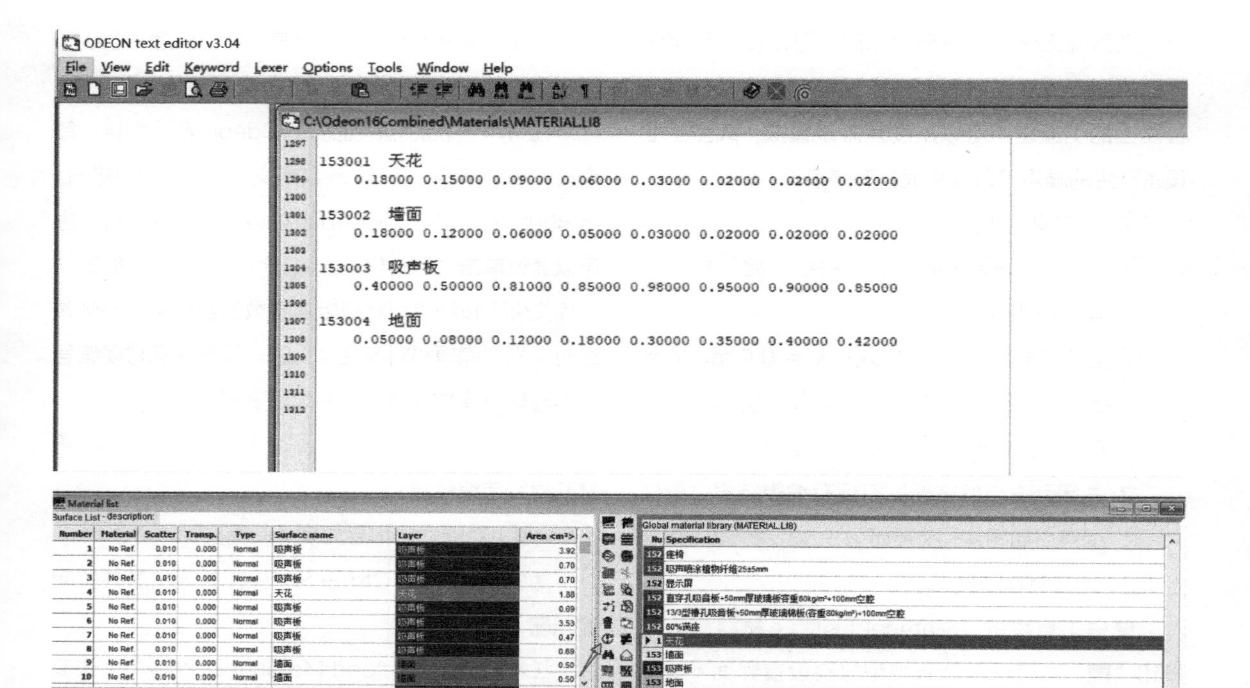

图 4-18　添加及刷新材料库

（5）单击“Set Layers”按钮（快捷键“Ctrl＋L”）打开选择活动图层列表；

（6）选中吸声板图层，单击“Ok”键，此时模型将仅显示吸声板图层关联的内表面；

（7）在材料列表中选中“吸声板”材料，单击“Assign Material to All Visible Surfaces”将吸声板图层下所有表面定义为材料“吸声板”；

（8）重复上面的步骤，分别定义“天花”（顶棚）、“墙面”、“地面”；

（9）最后再次单击“Set Layers”按钮（快捷键“Ctrl＋L”），并“Select All”（选中所有）图层，单击“Ok”键保存，如图 4-19 所示。

3）快速估算

在材料列表中，可以快速估算房间的大致混响时间，以及容积等相关信息。这里需要注意在八个倍频中最大的混响时间估算值，在分配材料直接评估不同配置及其对混响时间的影响时，此计算非常有用。然而，由于此计算基于非常简单的公式法，并不包括实际几何形状影响（基于 Sabine、Eyring 和 Arau-Puchades 公式），因此结果可能与模拟有很大偏差。快速估算可以帮助设计人员在项目设计的初期简要评估不同材质和分配方案对混响时间的大致影响，如图 4-20 所示。

4）全局估算

全局估算（Global Estimate）是一种更精确的方法，该方法基于声线追踪，当存在多个声源时，可在当前界面的底部选择需要采纳的声源位置。在任何情况下，只要输入适当的散射系数，全局估算预测的 RT 是最可靠的，该方法的原理最早由德国学者施罗德（Schroeder）提出，如图 4-21 所示。

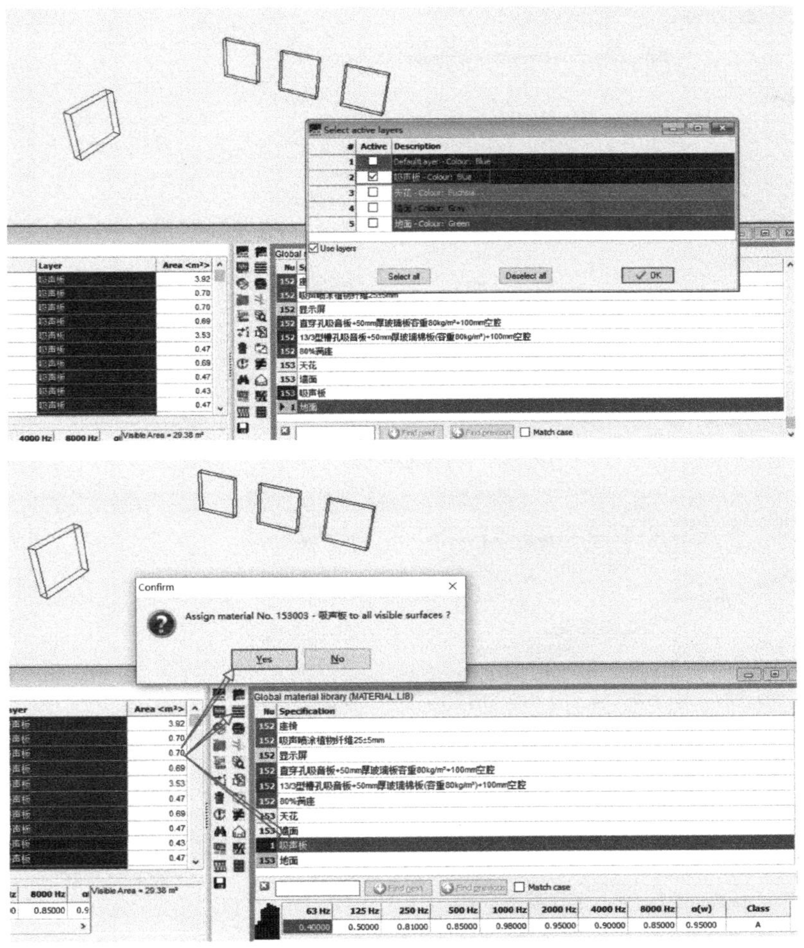

图 4-19　逐个定义各图层材质

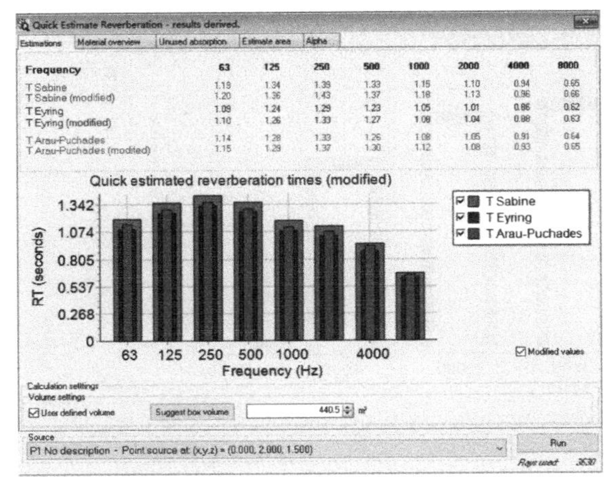

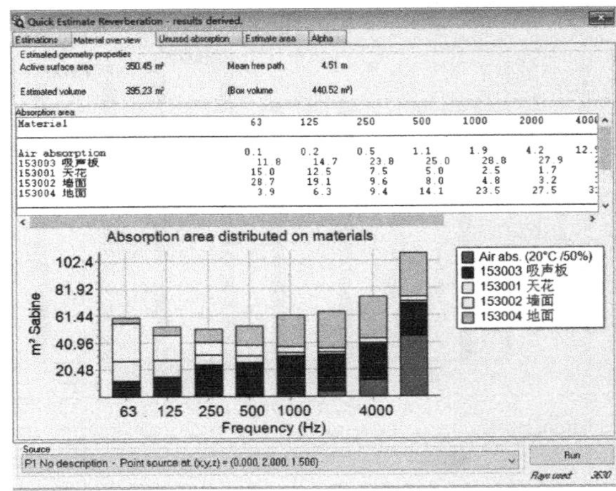

图 4-20　快速估算界面图

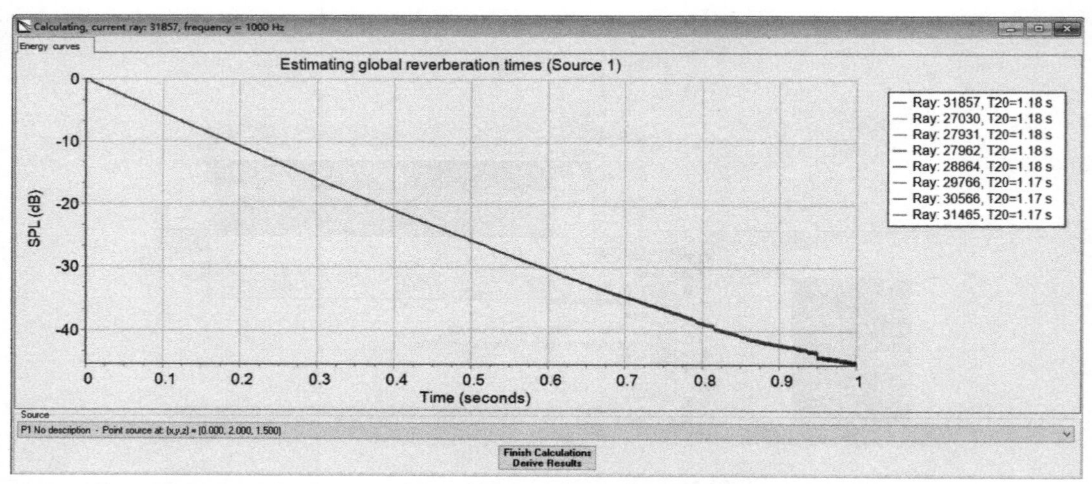

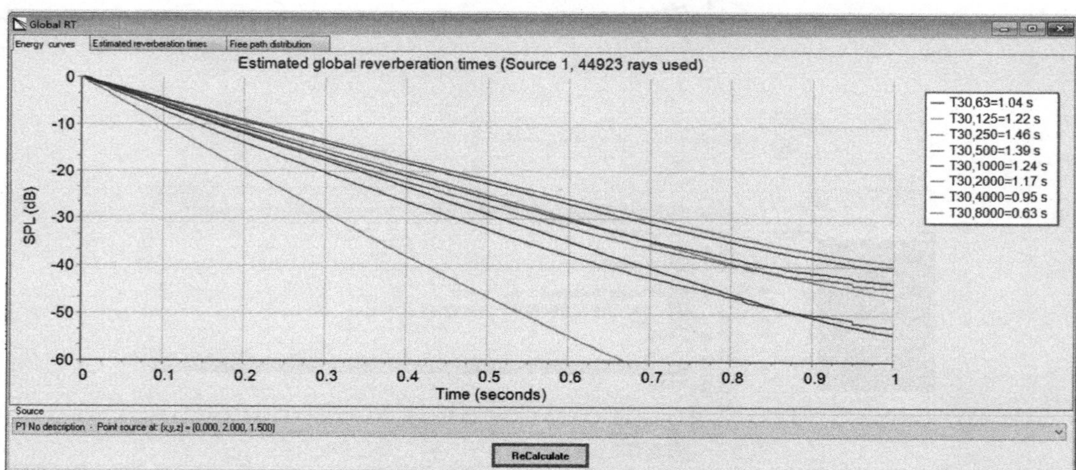

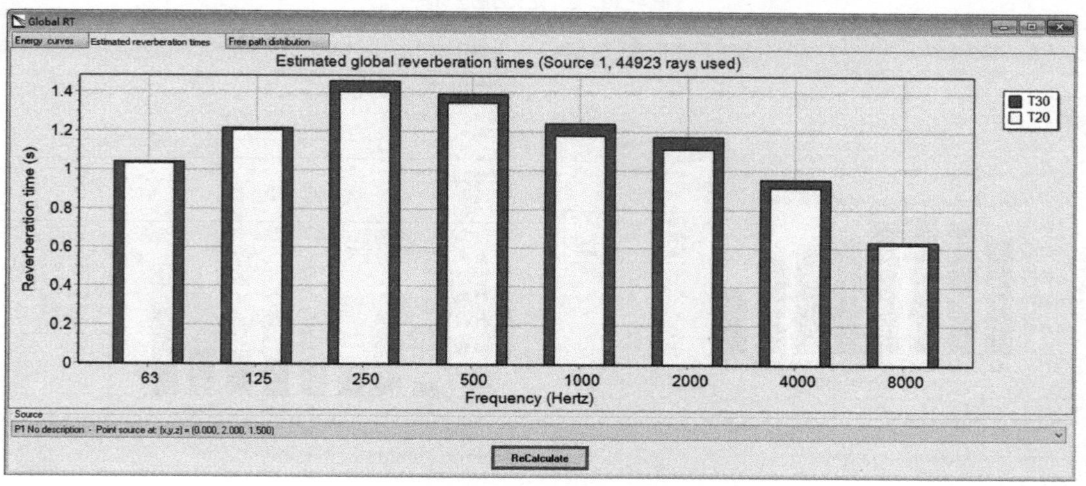

图 4-21 全局估算界面图

5）房间设置

在房间设置窗口，需要考虑定义脉冲长度的估算值。为了继续进行一系列计算，脉冲响应长度应至少覆盖衰减曲线的 2/3，否则无法计算 T30。如本案例所示，“快速估算”和“全局估算”给出的八个倍频程中最大的混响时间估算值约为 1.43 s，则此时定义脉冲响应长度“Impulse Response Length”为 1500 ms 即可。

关于计算采用的声线数量“Number of Late Rays”，软件给到了三种推荐的模式，分别为：“Survey”（检查）、“Engineering”（工程）、“Precision”（精确）。大部分时候选用“Engineering”模式即可达到满意的精度。需要注意的是，声线数量设置得越多，计算所需要的时间则越久，对计算机的 CPU 性能需求越高。尤其是对于复杂模型，当模型是由更多的面组成时，计算所需要的时间也就越久。

在“Air Conditions/STI Parameters/Model Check”界面，可以定义房间的环境噪声曲线，以及空气温湿度参数，如图 4-22 所示。

（1）单击“Room Setup”按钮“ ”（快捷键“Shift + Ctrl + P”）打开房间设置窗口；

（2）选中“Engineering”设置“Impulse Response Length”为 1500 ms，“Number of Late Rays”为 1000；

（3）单击“Air Conditions/STI Parameters/Model Check”设置噪声标准曲线为 NC30，空气条件按默认设置；

（4）保存并关闭房间设置窗口。

6）定义听音面网格

（1）单击“Define Grid”（定义网格）按钮“ ”（快捷键“Shift + Ctrl + G”）进入定义网格菜单；

（2）点击“Select Receive Surface”选择图层“地面”定义为网格；

（3）指定接收器之间的距离为 1 m，高度定义默认 1.2 m，然后单击本地工具栏中的“Show Grid”（显示网格）按钮；

（4）关闭“Define Grid”对话框保存网格定义，最终效果如图 4-23 所示。

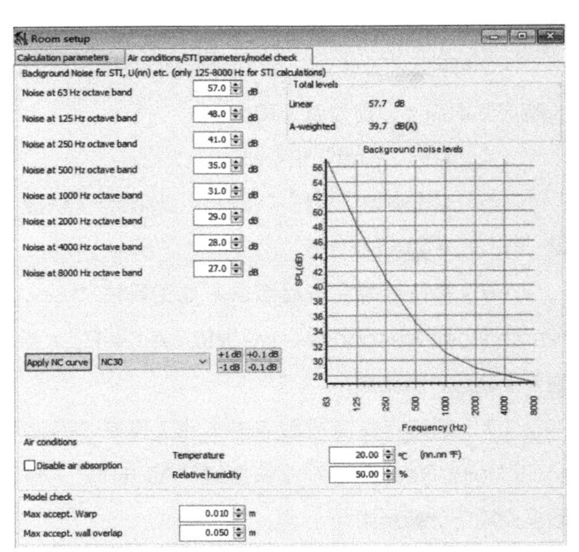

图 4-22　定义房间设置及房间的环境噪声曲线

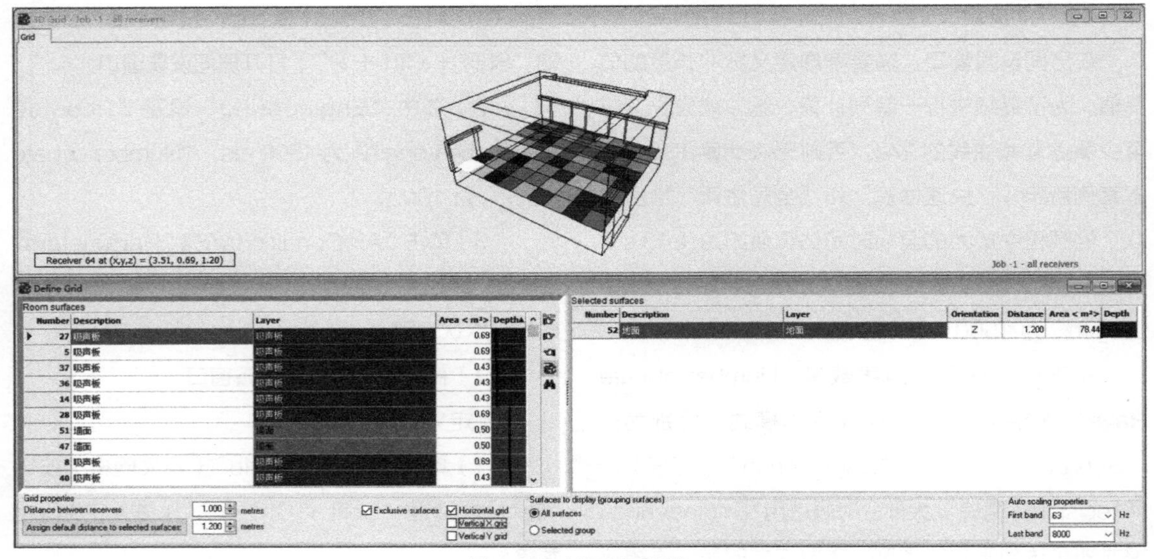

图 4-23 定义听音面网格

7）工作列表

（1）单击“Job List”按钮“J”（快捷键“Shift + Ctrl + J”）进入“工作列表”窗口；

（2）定义“Receiver Pointing Towards Source”（受声点指向源）均为声源 P1；并勾选左侧本地窗口中“Active Sources for Job”中的声源 P1；

（3）定义“Single Point Response Receiver”（响应受声点）分别为点 1 和点 2；

（4）勾选“Grid”和“Multi”；

（5）点击本地工具栏“Run All Jobs”（快捷键“Alt + A”）进行计算；

（6）等待计算完成后点击本地工具栏“View Single Point Response”（快捷键“Alt + P”）查看单点响应计算结果；

（7）等待计算完成后点击本地工具栏“View Multi Point Response”（快捷键“Alt + M”）查看多点响应计算结果；

（8）等待计算完成后点击本地工具栏“View Grid Response”（快捷键“Alt + G”）查看网格计算结果。

需要注意的是，在计算工作完成之前，结果是无法被查看的。当计算完成后，对应的工作表所在行将显示为绿色，此时可以查看对应的点响应数据，如图 4-24、图 4-25 所示。

可通过键盘的“↑”“↓”“←”“→”键控制和切换显示各指标及各频率值。

4. 实验报告要求

实验报告应包含以下内容：

（1）声源、受声点、材料定义、房间设置等边界条件设置的相关截图；

（2）计算结果，包括“单点响应计算结果”“多点响应计算结果”“网格计算结果”相关截图。

5. 思考题

（1）影响结果准确度的原因有哪些？

（2）影响计算速度的原因有哪些？

（3）尝试简述“声线追踪法”及“虚声源法”的简要原理。

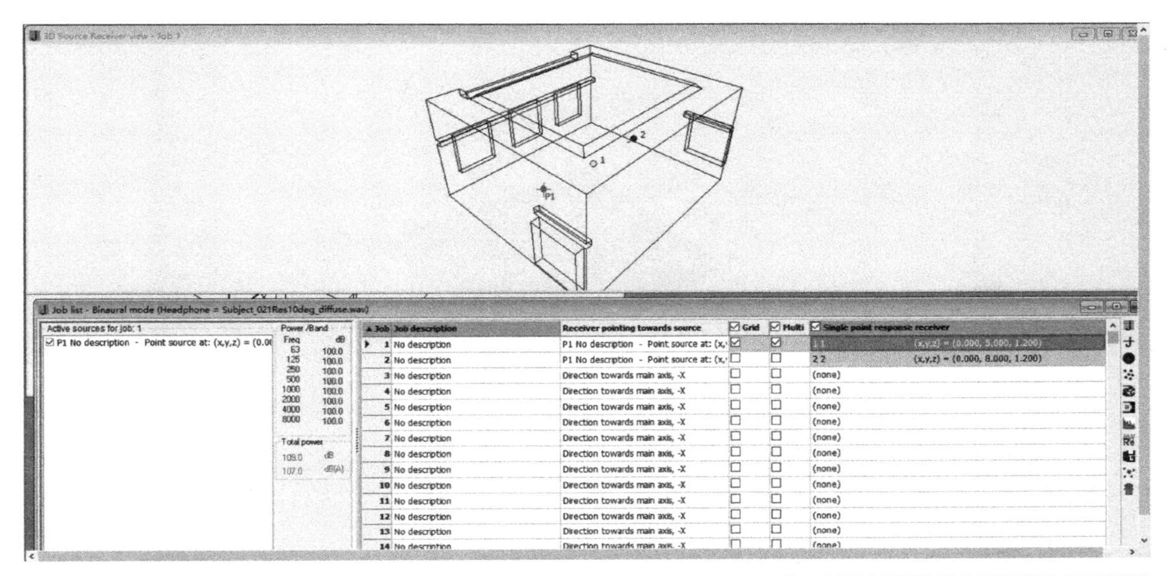

Single Point response - job 1

Parameter bars | Energy parameters | Decay curves | Decay Roses | Reflection density | Reflectogram | 3D Reflection paths/ Active sources | BRIR | Dynamic diffusivity curves | Dietsch echo curves

Receiver Number: 1 1　　(x,y,z) = (0.000, 5.000, 1.200)

Band (Hz)		63	125	250	500	1000	2000	4000	8000
EDT	(s)	1.04	1.21	1.40	1.33	1.14	1.06	0.88	0.60
T(15)	(s)	1.03	1.20	1.40	1.34	1.16	1.07	0.90	0.63
T(20)	(s)	1.03	1.20	1.43	1.37	1.19	1.10	0.90	0.64
XI(T(20))	(‰)	0.2	0.0	0.3	0.5	0.6	0.7	0.3	0.3
T(30)	(s)	1.04	1.21	1.40	1.36	1.25	1.19	0.95	0.63
XI(T(30))	(‰)	0.1	0.0	0.3	0.5	1.5	2.8	2.2	0.2
Curvature(C)	(%)	0.7	0.5	-1.7	-1.1	5.4	8.4	5.7	-1.4
Ts	(ms)	66	77	90	86	73	67	54	36
SPL	(dB)	87.8	88.4	88.9	88.6	87.9	87.5	86.7	85.2
G	(dB)	18.8	19.4	19.9	19.6	18.9	18.5	17.7	16.2
G(early)	(dB)	17.3	17.5	17.6	17.5	17.1	16.9	16.5	15.6
G(late)	(dB)	13.6	14.8	15.9	15.5	14.1	13.3	11.4	7.3
SPL(Af)	(dB)	61.6	72.2	80.2	85.4	87.9	88.7	87.6	84.0
SPL(Direct)	(dB)	79.4	79.4	79.4	79.4	79.4	79.4	79.3	79.1
D(50)		0.55	0.50	0.45	0.47	0.52	0.55	0.62	0.74
C(7)	(dB)	-5.5	-6.2	-6.9	-6.8	-6.1	-5.8	-4.9	-3.3
C(50)	(dB)	0.8	0.0	-0.8	-0.5	0.4	0.8	2.1	4.6
C(80)	(dB)	3.6	2.6	1.7	2.0	3.1	3.6	5.1	8.2
U(50)	(dB)	0.8	0.0	-0.8	-0.5	0.4	0.8	2.1	4.6
U(80)	(dB)	3.6	2.6	1.7	2.0	3.1	3.6	5.1	8.2
MTI(corrected)		*.**	0.54	0.51	0.52	0.55	0.57	0.60	0.67
LF(80)		0.236	0.243	0.242	0.242	0.240	0.240	0.236	0.219
LFC(80)		0.321	0.331	0.332	0.331	0.326	0.325	0.317	0.292

Multi point response parameters - job 1 (Simulated mode) -

3D Sources and Receivers | Energy parameters | Energy parameter bars (1) | Energy parameter bars (2) | Parameter versus distance | Statistics | Spatial decay curves | Measured versus Simulated

Rec　Pf(t)　Pb(t)　σ(f)　σ(b)　ISO's

T(30)　(s)

Band (Hz)	63	125	250	500	1000	2000	4000	8000
Minimum	1.03	1.21	1.39	1.34	1.21	1.15	0.94	0.62
Maximum	1.04	1.21	1.40	1.36	1.25	1.19	0.95	0.63
Average	1.04	1.21	1.40	1.35	1.23	1.17	0.95	0.63
Std.dev.	0.01	0.00	0.01	0.01	0.03	0.03	0.01	0.00

XI(T(30))　(‰)

Band (Hz)	63	125	250	500	1000	2000	4000	8000
Minimum	0.1	0.0	0.3	0.2	1.1	1.9	1.8	0.2
Maximum	0.1	0.1	0.3	0.5	1.5	2.8	2.2	0.6
Average	0.1	0.1	0.3	0.3	1.3	2.3	2.0	0.4
Std.dev.	0.0	0.1	0.0	0.2	0.3	0.6	0.3	0.3

Curvature(C)　(%)

Band (Hz)	63	125	250	500	1000	2000	4000	8000

图 4-24　单点响应计算结果 / 多点响应计算结果

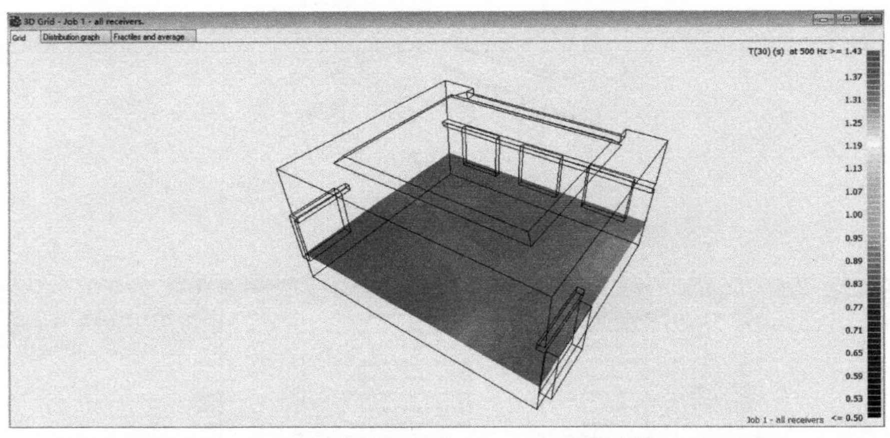

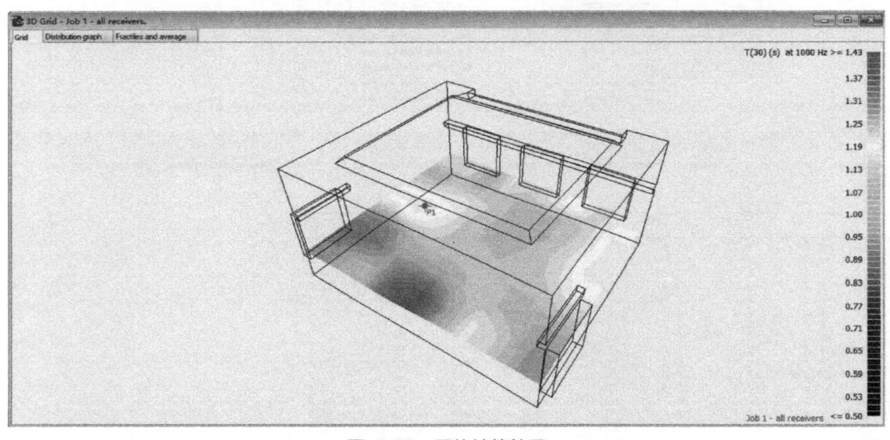

图 4-25 网格计算结果

4.7 实验三十二 扩散体散射特性分析

1. 实验目的

了解 COMSOL Multiphysics 中声学模块相关功能，掌握使用 COMSOL Multiphysics 对施罗德扩散体散射特性的分析方法。

2. 实验原理

COMSOL Multiphysics 是一套数值模拟软件包，通过有限元方法模拟科研和工程中偏微分方程（PDE）描述的各种问题。COMSOL Multiphysics 基于 PDE 建模，可以非常方便地定义和求解任意多物理场耦合问题。此外，COMSOL Multiphysics 与 Matlab 完全兼容，使用者可以利用脚本自定义建模、计算，以及后处理。目前，COMSOL Multiphysics 在电磁、结构、声学、流体流动、传热和化工等研究领域得到广泛的应用。其中，声学模块包括压力声学、弹性波、声—结构相互作用、气动声学、热黏性声学、超声波、几何声学、管道声学和声流。对于声学领域学术研究及声学产品开发、声可视化等具有重要作用。软件中声学物理场界面，如图 4-26 所示。

图 4-26　软件物理场选择界面图

在研究扩散体声压（p）、声压级（L_p）的外场分布和极坐标响应时，可选择物理场界面中的“压力声学—频域”。压力声学—频域用于计算静态背景条件下流体（如空气、水等）中声波传播的压力变化，适用于压力是谐波变化的频域仿真。

在压力声学—频域一般研究中，可分为特征频率研究和频域研究。其中，特征频率研究一般用于计算线性或线性化模型的特征模态和特征频率；频域研究一般用于计算线性或线性化模型受到一个或多个频率的谐波激励时的响应。对于声压和声压级的外场分布和极坐标响应进行求解时，应选择频域研究。

声能入射到物体表面时，会产生透射、反射，以及吸收现象，透射声能、反射声能，以及被吸收声能的大小取决于物体表面的声学特性。当大部分反射声能在空间和时间上分散时，称该种现象为声扩散，能够产生声扩散的材料称为扩散体。图 4-27 展示了声波入射到吸收表面、反射表面和扩散表面时反射声能的时空特征。

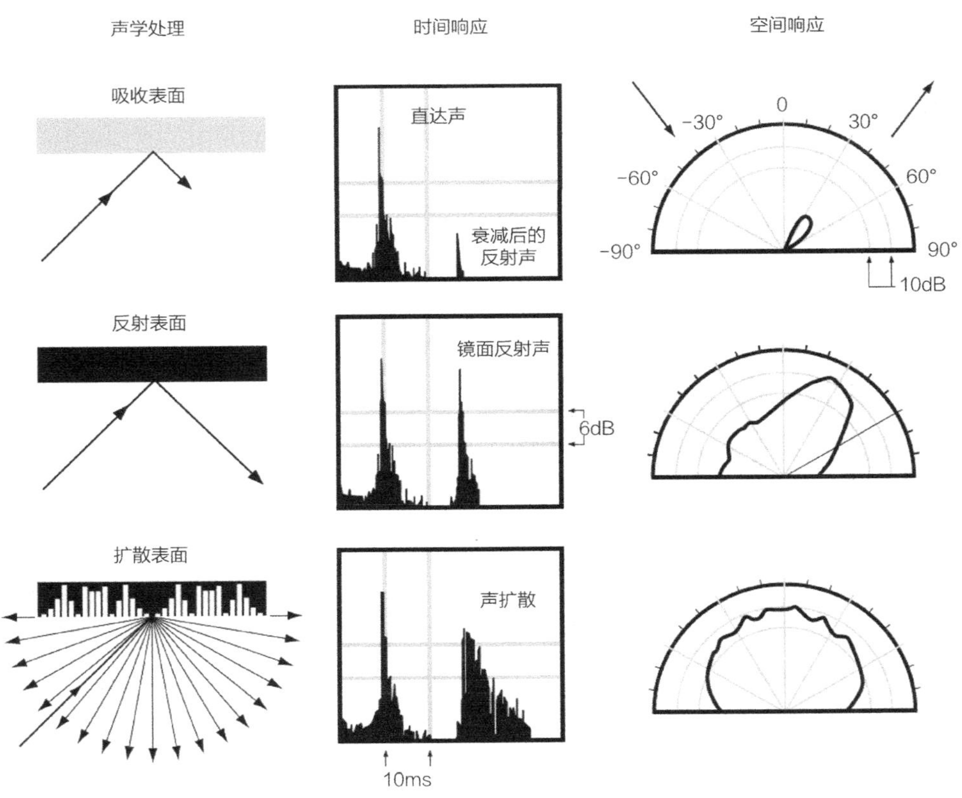

图 4-27　吸收表面、反射表面和扩散表面的反射声能时空特征示意图

对于表面为刚性且平整的材料，声波入射到该表面时，总反射声能主要为镜面反射声能；当声波入射到粗糙（或扩散体）表面时，总反射声能由镜面反射声能和散射声能组成，如图 4-28 所示。

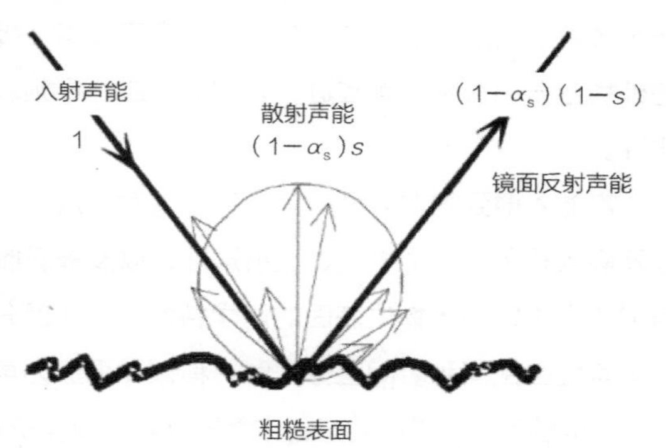

图 4-28　声波入射到粗糙表面反射声能示意图

施罗德扩散体是建筑声学设计中常用的扩散体之一。按结构可分为一维施罗德扩散体和二维施罗德扩散体，如图 4-29 所示。一维施罗德扩散体由一系列宽度相同而深度不同的沟槽组成，沟槽的深度按二次余数排列，每个沟槽之间用刚性翼板隔开。通常扩散体沟槽宽度（W）约为最高设计频率对应波长的 1/2，深度（d_n）约为最低设计频率对应波长的 1/2。

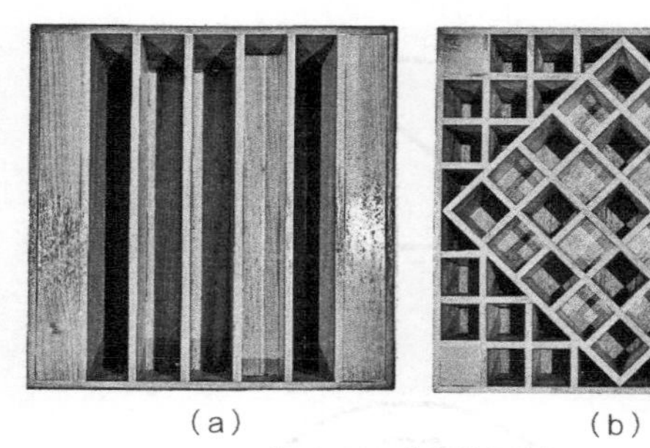

（a）　　（b）

图 4-29　施罗德扩散体
（a）一维；（b）二维

如图 4-30 所示，1 个单周期 7 序列的一维施罗德扩散体，对应序列为：{0，1，4，2，2，4，1}。

若设计最低和最高频率分别为 500 Hz、2000 Hz，最大槽深为 d_{max} = 0.34 m，则 1 个周期内各沟槽深度为：{0 m，0.085 m，0.34 m，0.17 m，0.17 m，0.34 m，0.085 m}，沟槽宽度 W = 0.085 m。

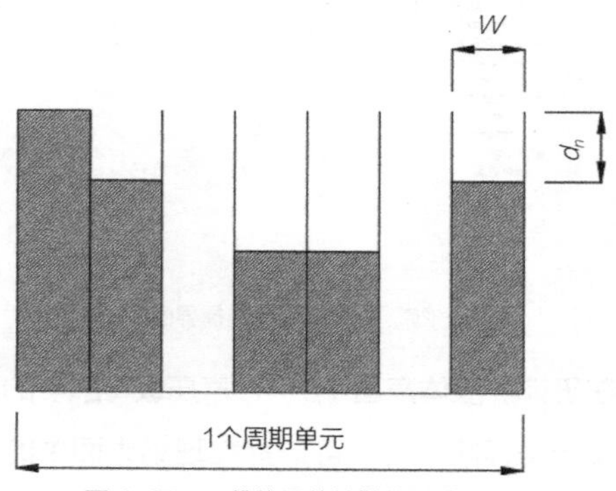

图 4-30　一维施罗德扩散体构造示意图

预测一维施罗德扩散体的远场声散射时，扩散体表面散射声压（p_s）可由下式计算：

$$p_s(\psi, \theta) \approx A \sum_{np=1}^{N_p} \sum_{n=1}^{N} e^{-2jkd_n} e^{jknW[\sin\theta + \sin\psi]} \tag{4-3}$$

式中　ψ——入射角；

θ——反射角；

N_p——周期数；

N——一个周期内的沟槽数；

W——沟槽宽度；

k——波数；

d_n——第 n 个沟槽深度；

A——常数。

3. 实验步骤

1）模型导向

在主界面上选择模型导向，空间维度选择“二维”，物理场选择“声学>压力声学>压力声学，频域（acpr）”，如图 4-31 所示。

2）几何建模

完成模型导向后，进入软件主界面。根据研究内容构建仿真对象的几何模型，并设置材料参数。

几何模型可直接在软件中的“几何”界面根据需要进行构建。也可使用 CAD 制作几何结构或在脚本文件中构建几何模型，直接导入软件内。

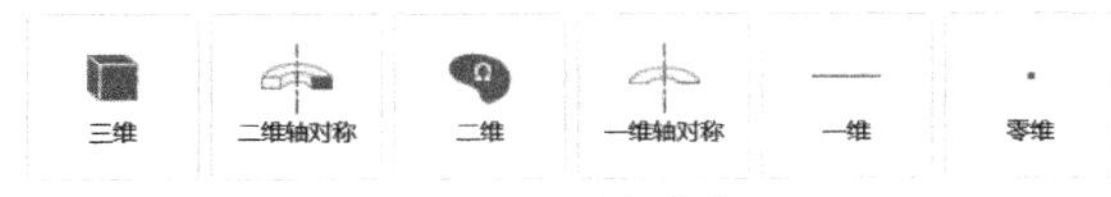

图 4-31　空间维度

如图 4-32 所示，所建几何模型为 1 个周期 7 序列的一维施罗德扩散体，沟槽宽度为 0.085 m，深度序列为 { 0 m，0.085 m，0.34 m，0.17 m，0.17 m，0.34 m，0.085 m } 。

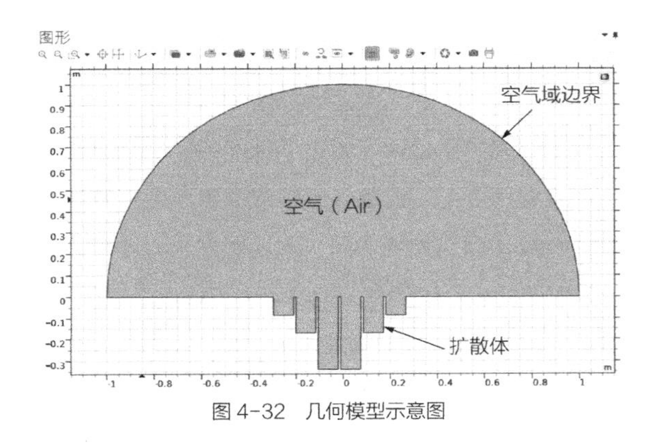

图 4-32　几何模型示意图

模型完成后，分别在各计算域中添加材料。背景场中添加材料为“空气”(Air)，可在内置材料中选择，扩散体材料设置为刚度较大的材料即可 (若需要，可定义声速) 。

3) 全局定义

全局定义可用于定义几何、物理量，以及材料等基本数值，在建模，以及求解过程中可直接调用。几何参数定义界面如图 4-33 所示，物理场参数定义界面如图 4-34 所示。

4) 组件定义

在模型开发器下对组件 (即所建模型各部分) 进行定义，定义对象可以为域、面、边界或点。定义内容包括变量、函数、非局部耦合和完美匹配层等。

参数

名称	表达式	值	描述
L	0.61[m]	0.61 m	扩散体宽度
Lw	0.085[m]	0.085 m	沟槽宽度
Li	0.01[m]	0.01 m	沟槽间宽度
d1	0.085[m]	0.085 m	沟槽1 深度
d2	0.17[m]	0.17 m	沟槽2 深度
d3	0.34[m]	0.34 m	沟槽3 深度
d4	0.34[m]	0.34 m	沟槽 4 深度
d5	0.17[m]	0.17 m	沟槽 5 深度
d6	0.085[m]	0.085 m	沟槽6 深度
r_air	1[m]	1 m	空气域半径（单个扩散体）
r0	10[m]	10 m	评估距离
Hair	1[m]	1 m	空气域高度

图 4-33　几何参数定义界面图

参数

名称	表达式	值	描述
c0	343[m/s]	343 m/s	声速
rho0	1.225[kg/m^3]	1.225 kg/m³	密度
theta0	45[deg]	0.7854 rad	以法向为基准的入射极角
x_spec	r0*sin(theta0)	7.0711 m	镜面反射 x 坐标
y_spec	r0*cos(theta0)	7.0711 m	镜面反射 y 坐标

图 4-34　物理场参数定义界面图

通常变量所选择对象为整个模型，若需要分别定义时，也可选择域、边界或点进行定义。如图 4-35 所示，变量定义对象为整个模型。

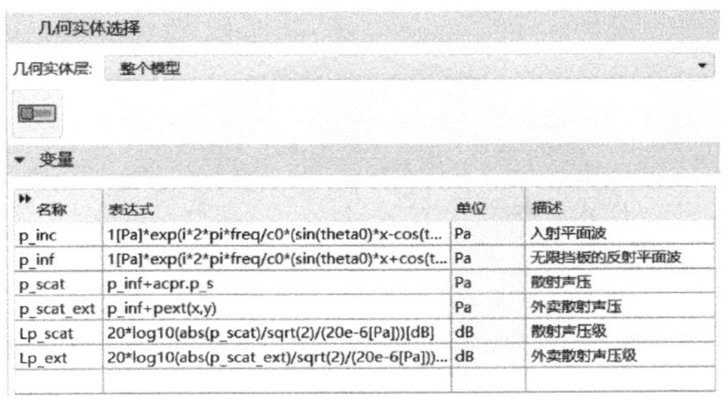
几何实体选择

几何实体层：整个模型

变量

名称	表达式	单位	描述
p_inc	1[Pa]*exp(i*2*pi*freq/c0*(sin(theta0)*x-cos(t...	Pa	入射平面波
p_inf	1[Pa]*exp(i*2*pi*freq/c0*(sin(theta0)*x+cos(t...	Pa	无限挡板的反射平面波
p_scat	p_inf+acpr.p_s	Pa	散射声压
p_scat_ext	p_inf+pext(x,y)	Pa	外卖散射声压
Lp_scat	20*log10(abs(p_scat)/sqrt(2)/(20e-6[Pa]))[dB]	dB	散射声压级
Lp_ext	20*log10(abs(p_scat_ext)/sqrt(2)/(20e-6[Pa]))...	dB	外卖散射声压级

图 4-35　变量定义界面图

在“背景压力场”内选择压力场类型为“用户定义”，在背景压力场 p_b 内输入“p_inc + p_inf”。选择图 4-32 中的空气域边界为完美匹配层，并选择该边界进行外场计算，外场变量命名为“pext”，类型为对称平面，关闭“$x = x_0$ 平面条件”，“$y = y_0$ 平面条件”选择“对称 / 无限硬声场边界”。

5）网格划分

在网格设置界面中，可以在标签内对网格进行命名，序列类型用于选择根据物理场的自动生成网格或自定义网格的大小。当选择物理场控制网格时，单元大小可根据需要进行选择，一般网格划分越细，计算所需时间越长。自定义网格大小时，全局最大单元的大小设为最小波长的 1/5，即 $\lambda_{min}/5=c/5f_{max}$，其中 c 为介质声速，f_{max} 为求解的最高频率，如图 4-36 所示。设置完成后，点击网格设置界面中“全部构建”，右侧图形栏中便会显示模型的网格划分结果，如图 4-37 所示。

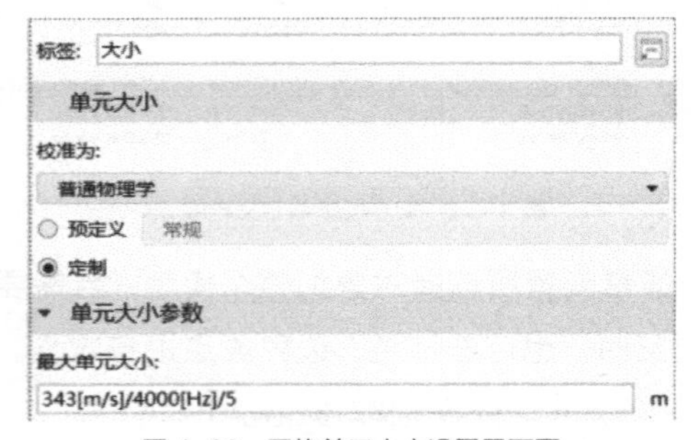

图 4-36 网格单元大小设置界面图

图 4-37 模型网格划分

6）求解

在模型开发器中，点击“研究”菜单下“步骤 1：频域”对求解进行设置。在标签中输入“频域”或根据需要进行命名。在研究设置栏中，选择频率单位及频率求解范围。频率范围的定义方法包括步长、值数、对数，以及 ISO 首选频率，若求解频率为 100 ~ 5000 Hz 内 1/3 倍频程中心频率，可选择“ISO 首选频率”输入起始频率和停止频率，间隔选择“1/3 倍频程”，如图 4-38 所示。

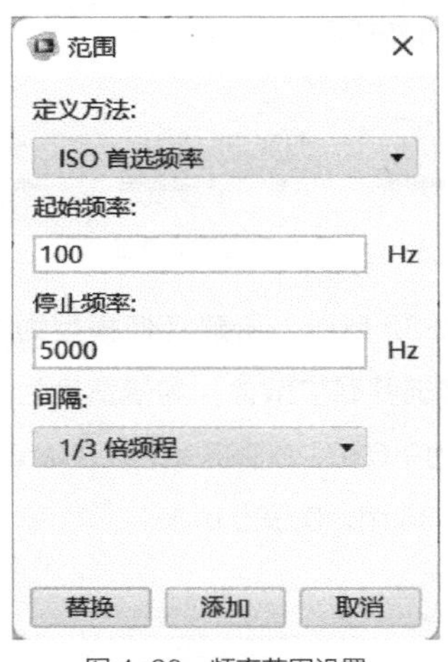

图 4-38 频率范围设置

在研究扩展栏中，勾选“辅助扫描”用以观察不同入射角度下，扩散体远场散射声压的分布和极坐标响应。扫描类型选择“指定组合”，参数名称选择“theta0”，参数值列表输入“range（-60，10，60）”表示角度范围为从 -60° 至 60° 步长为 10°，如图 4-39 所示。设置完成后点击“计算”对模型进行求解。

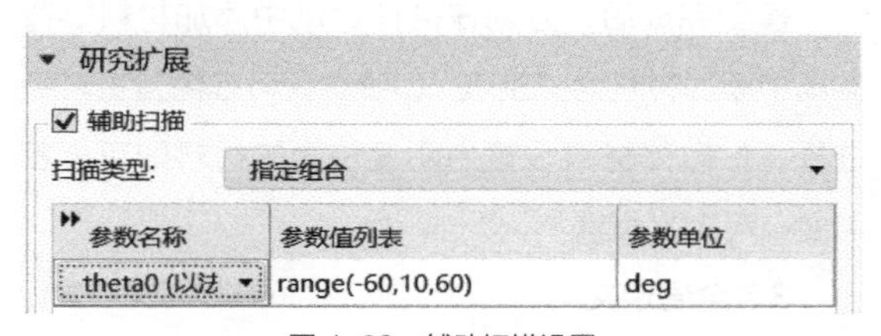

图 4-39 辅助扫描设置

7）结果

在模型开发器中选中结果，右键选择“添加预定义的绘图>研究 1/ 解 1（sol1）>压力声学，频域>声压（acpr）/ 声压级（acpr）/ 外场声压级（acpr）/ 外场压力（acpr）”，在视图栏中会显示所选内容，如图 4-40 所示。

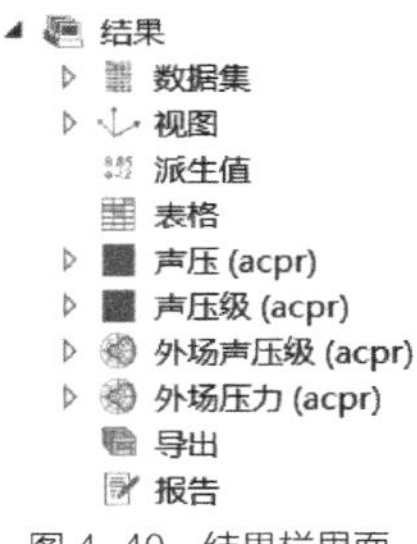

图 4-40　结果栏界面

在结果栏中点击“声压（acpr）”及“声压级（acpr）”，在绘图设置界面中对数据进行定义。数据集选择“研究 1/ 解 1（sol1）”，参数值包括 freq（频率）和 theta0（角度），如图 4-41 所示。选择需要观察的频率及角度后点击“绘制”，可得到计算域内的声压及声压级分布情况，如图 4-42、图 4-43 所示。

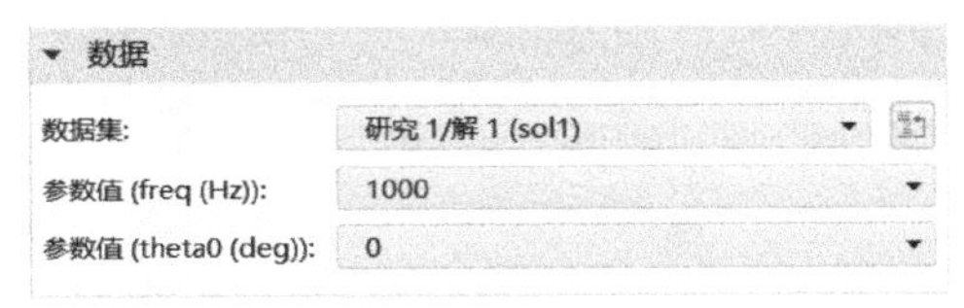

图 4-41　数据设置界面图

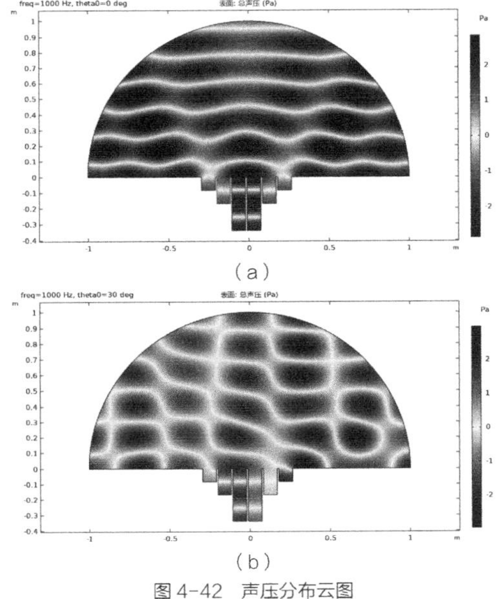

（a）

（b）

图 4-42　声压分布云图

（a）1000Hz，入射角 0°；（b）1000Hz，入射角 30°

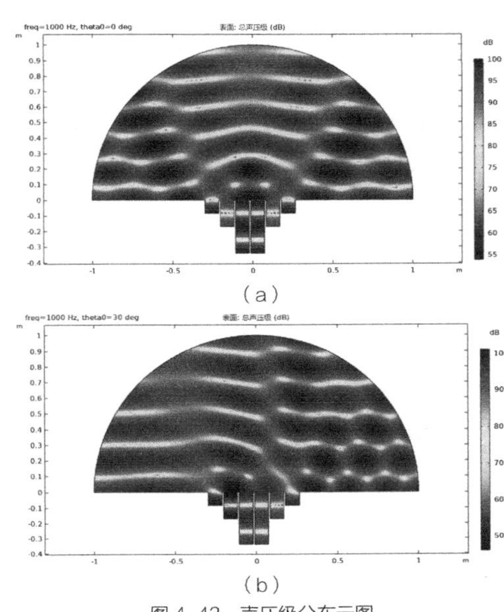

（a）

（b）

图 4-43　声压级分布云图

（a）1000Hz，入射角 0°；（b）1000Hz，入射角 30°

在结果栏中点击“外场声压级（acpr）和外场压力（acpr）”，在绘图设置界面上选择观察的频率和角度，在轴栏中选择零角度为“向上”。在“外场声压级（acpr）和外场压力（acpr）”下拉菜单中点击“辐射方向图”，选择数据集为“来自父项”，在计算栏中对角度、圆、半径，以及参考方向进行设置，如图 4-44 所示。设置完成后，点击“绘制”，可得到计算域内的声压及声压级极坐标响应情况，如图 4-45、图 4-46 所示。

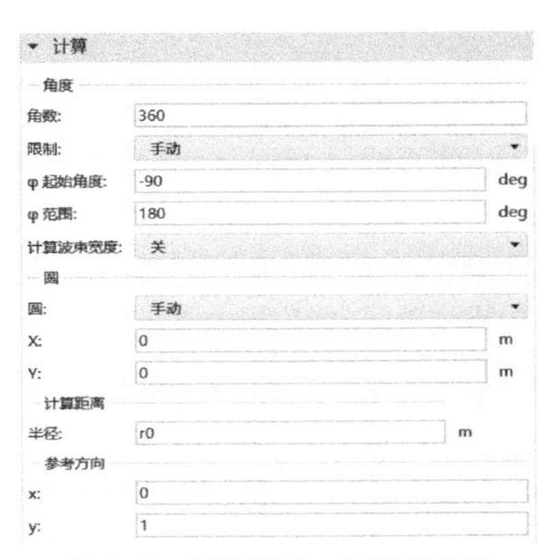

图 4-44　辐射方向图—计算设置界面

若要在一张极坐标响应图中观察不同频率的声压及声压级响应，可在设置界面中的数据栏中频率参数选择“全部”，点击“绘制”，可得求解频率范围内 1/3 倍频程中心频率的极坐标响应，如图 4-47、图 4-48 所示。

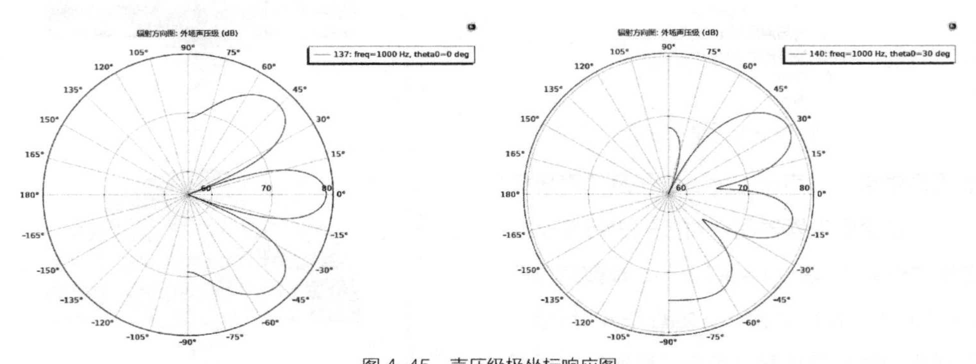

图 4-45　声压级极坐标响应图

注：频率为 1000Hz；入射角为左侧 0°，右侧 30°。

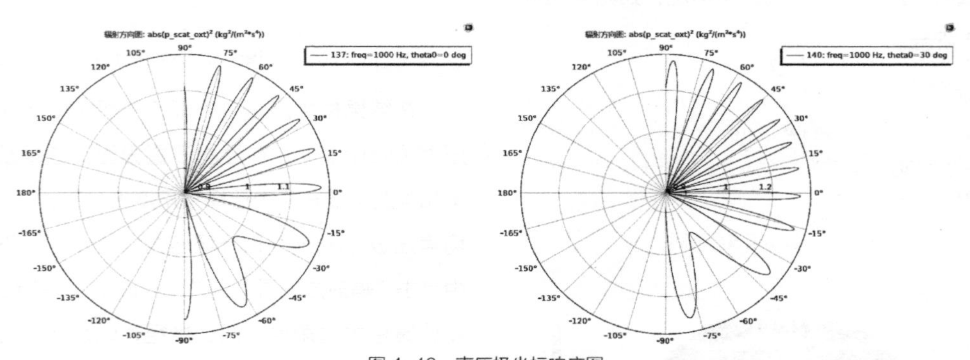

图 4-46　声压极坐标响应图

注：频率为 1000Hz；入射角为左侧 0°，右侧 30°。

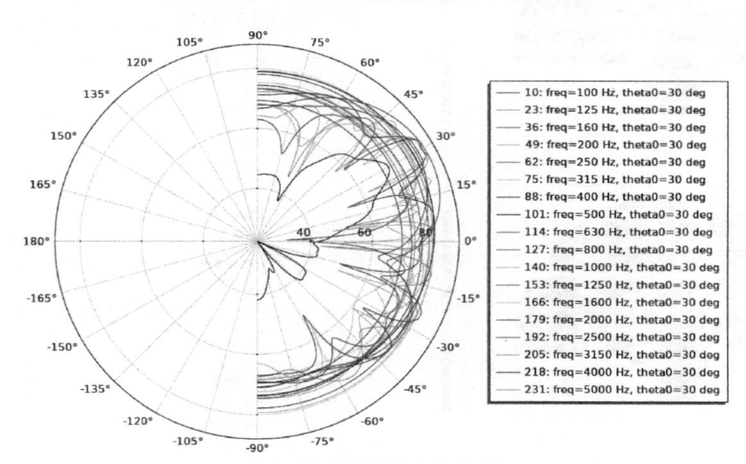

图 4-47　声压级极坐标响应图

注：频率为 100 ~ 5000Hz，入射角为 30°。

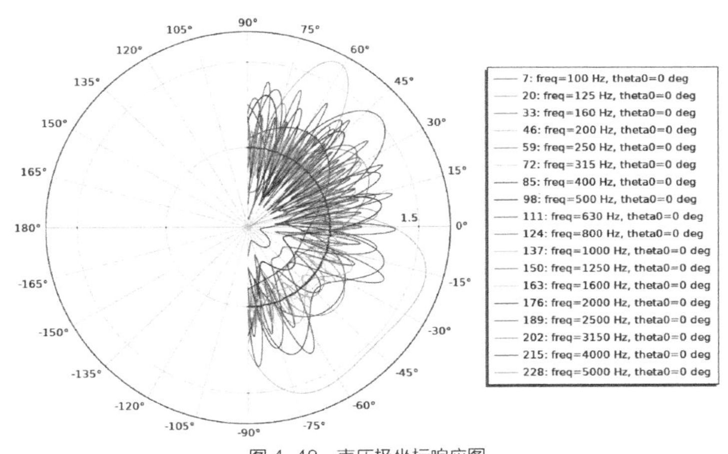

图 4-48　声压极坐标响应图

注：频率为 100 ~ 5000Hz，入射角为 0°。

4. 实验报告要求

实验报告应包含以下内容：

（1）几何模型尺寸，包括扩散体、计算域高度（半径）等；

（2）输出不同中心频率 f_0、不同入射角度 θ 的声压 p、声压级 L_p 的分布云图和极坐标响应图。

5. 思考题

如何通过声压 p、声压级 L_p 分布云图及极坐标响应图来评价扩散体的扩散性能？

4.8　实验三十三　交通噪声预测及分析（一）：模型建立

1. 实验目的

了解 CadnaA 噪声预测软件的功能，掌握图形导入的方法。

2. 实验原理

CadnaA（Computer Aided Noise Abatement）是一套用于计算、显示、评价，以及预测噪声暴露计和空气污染影响的软件。CadnaA 广泛应用于多种噪声源的预测、评价、工程设计和研究，其中包括工业设施、公路、铁路、机场，以及其他多种噪声场景。同时，在城市噪声规划等方面的应用也越来越受重视。软件主界面，如图 4-49 所示。

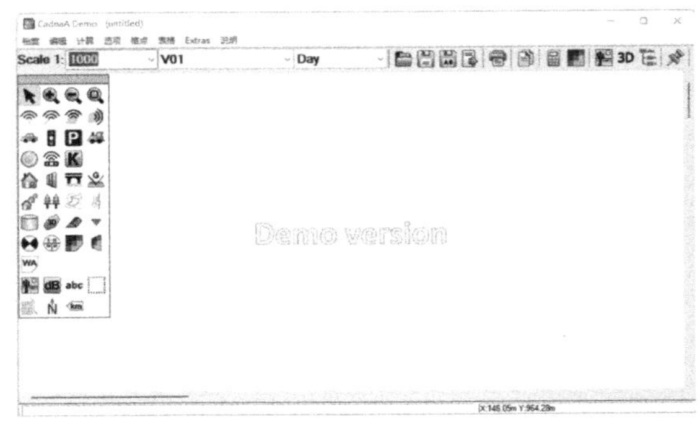

图 4-49　软件主界面图（2019 年 demo 版本）

软件主要功能及模块如下。

（1）基本模块：是软件最基本组成部分，利用基本模块可完成对一般项目的噪声预测及评估，将最常用的功能都放入基本模块中，如位图导入功能等。一般来说，所有其他模块均依靠基本模块才能运行。

（2）BMP 模块：该模块允许用户导入 jpg、bmp、gif、png 等多种格式的底图，在底图的基础上勾勒声源、建筑物，以及地形等要素，再进行预测评估。

（3）电厂模块：对应于“工具箱”上的“Power Plant”功能，可以进行电厂的噪声模拟。

（4）铁路、飞机噪声（AzB）模块：可预测火车、飞机噪声。

（5）SET 模块：该模块集成了约 150 种声源如发动机、齿轮、通风系统、冷却塔等声源的频谱。另外，用户还利用该模块自定义所需的声源模型，每个模型最多可定义 10 个输入及输出参数。

（6）XL 模块：为大城市模块，一次最多可计算 1600 万个房屋及声源的噪声分布，可用图形显示计算区域超标情况（Coflict map），估算不同区域超标人口并进行噪声影响的经济估算。

使用 CadnaA 进行噪声预测及分析的基本流程包括模型建立、噪声计算及结果，如图 4-50 所示。

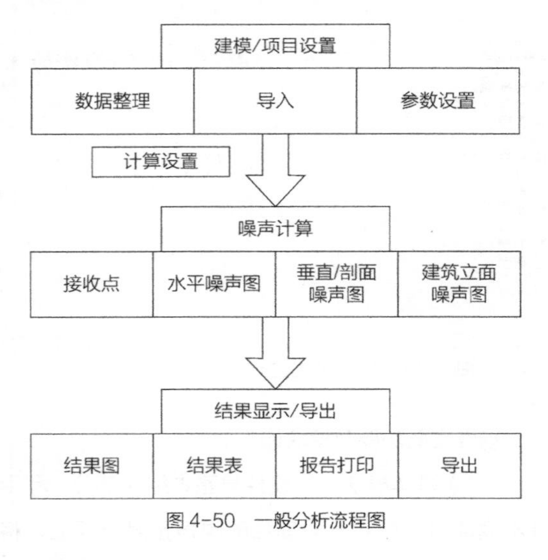

图 4-50　一般分析流程图

3. 实验步骤

在 CadnaA 的主界面上点击“档案”按钮，选择“开新档案”，如图 4-51 所示，点击“储存档案”，命名后点击保存即可。在“档案”菜单栏中点击“汇入数据”，导入预先准备分析区域的图形，包括 dxf 格式文件，jpg、bmp 格式的栅格图等。应注意的是，对于 CAD 格式的矢量图，CadnaA 只能识别 dxf 格式文件，导入前应确定 CAD 中的单位是否为 1 m，若不是则在导入时通过“Transformation”进行转换。导入格式为 jpg、bmp 格式的栅格图时应对图形进行校准，以保证图形的准确。

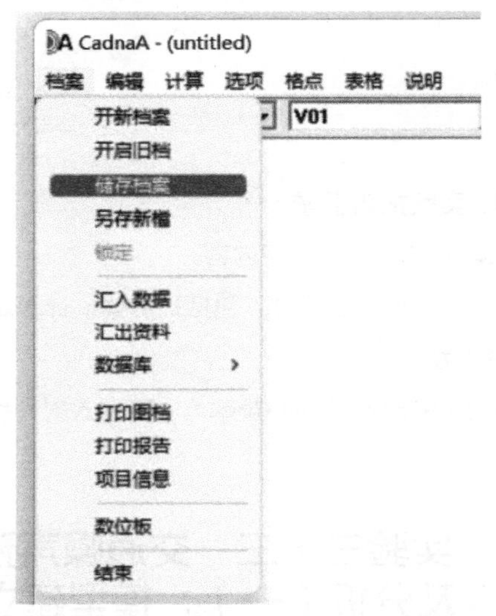

图 4-51　项目创建及导入

1）定义声源

如图 4-52 所示，图形导入完成后，需对图形内声源、障碍物等进行定义。

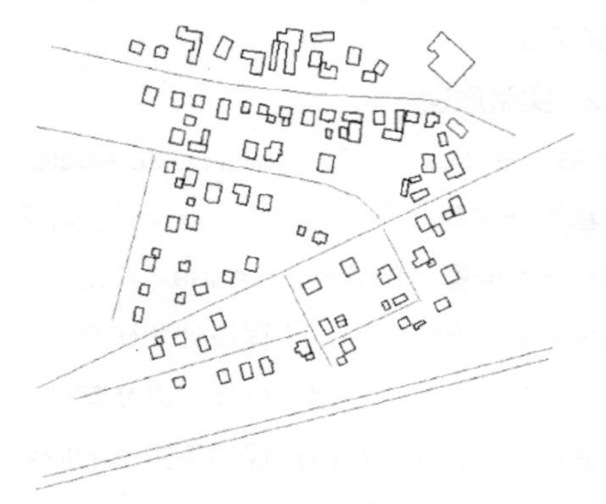

图 4-52　导入后地形图

（1）声源类型

在软件中，内置声源包括点声源（Point Source）、线声源（Line Source）、面声源（Area Source）、垂直面声源（Vertical Area Source）、公路（Road）、铁路（Railway）、停车场（Parking Lot）和火电厂（Power Plant）等。

（2）源强设置

如图 4-53 所示，选取图形中的目标物进行定义时，道路（Road）设置内容包括道路标准断面设置（CSC）、道路宽度、道路辐射源强，以及道路方向等信息。在定义道路辐射源强时，包括车流量（或全天车流量，MDTD），或在“Exact Count Data”中输入道路具体昼夜车流量及重型车比例；或根据 RLS-90 规范，[①] 道路源强（$L_{m,e}$）为自由声场中，距车道中心线水平距离 25 m、高度为 2.25 m 处的平均声压级；也可根据需要自行定义源强。

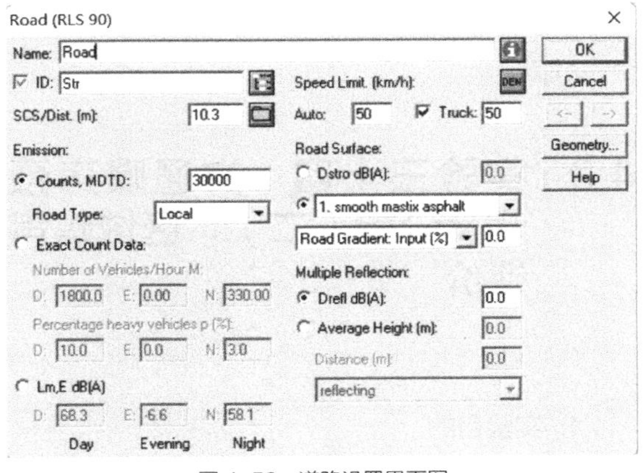

图 4-53　道路设置界面图

2）障碍物设置

障碍物类型包括房屋（Building）、屏障（Barrier）、桥梁（Bridge）、建筑物群（Build-up Arer）、植被（Foliage）、圆柱体（Cylinder）、三维反射体（3D Reflector）、堤岸（Embankment）等。

障碍物类型定义后，应设置其高度，如图 4-54 所示。高度类型包括相对高度（图 4-54 中“relative”，即输入高度为相对于物体所在地形处的地面高度），绝对高度（图 4-54 中“absolute”，即输入值为决定高度，与其他因素无关）和顶部高度（图 4-54 中“Roof”，输入高度为物体相对于下面物体顶部的高度，一般只有在建筑物、圆柱体等障碍物上输入“Roof”选项才有意义）。

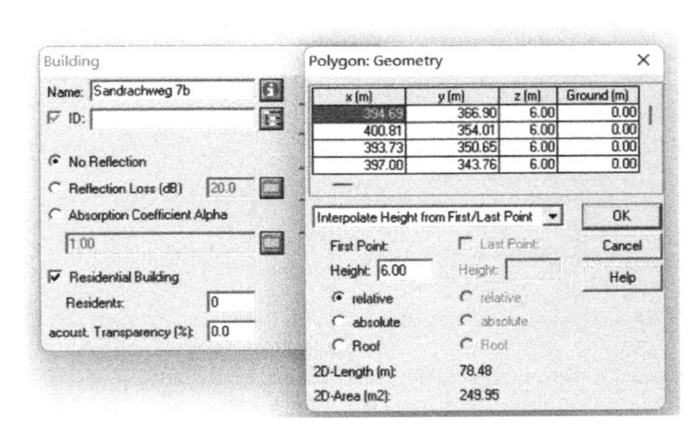

图 4-54　障碍物设置界面图

3）地形

地形主要由等高线（Contour Line）、高程点（Height Point）、突变等高线（Line of Fault）等组成。

地形不仅决定了声源、障碍物，以及预测点高度，同时会对声音传播产生衰减或屏蔽作用，因此地形建模的精度对于预测结果影响很大。在软件中，若无地形数据输入，则当作平地进行计算，平地高度可以在计算菜单中，选择“设定”进行设置，如图 4-55 所示。对于非平坦区域应尽可能多地输入地形数据，若数据过少，可能会导致计算模型与实际不符，从而产生计算误差甚至错误。

声源、障碍物，以及地形等参数设置完成后，即完成模型建立。模型平面图如图 4-56 所示。点击图选项菜单栏中“3D 图”选择“Isometric（透视图）”查看三维模型如图 4-57 所示。选定图中

① RLS-90 为德国关于公路交通噪声的一种预测模型。

任一道路，点击鼠标右键，选择“3D-Special”可查看该角度下三维空间内的模型情况，如图4-58所示。在“3D-Special”视图中，点击“动态”视图将沿着所选中的道路向前行进，在“属性”选项中，可以调节沿路行进速度、行进距离等。同时，可以保存动态影像，以供展示和查看。

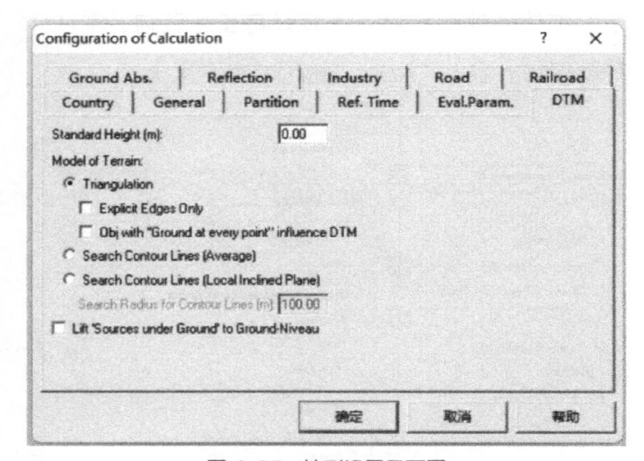

图4-55　地形设置界面图

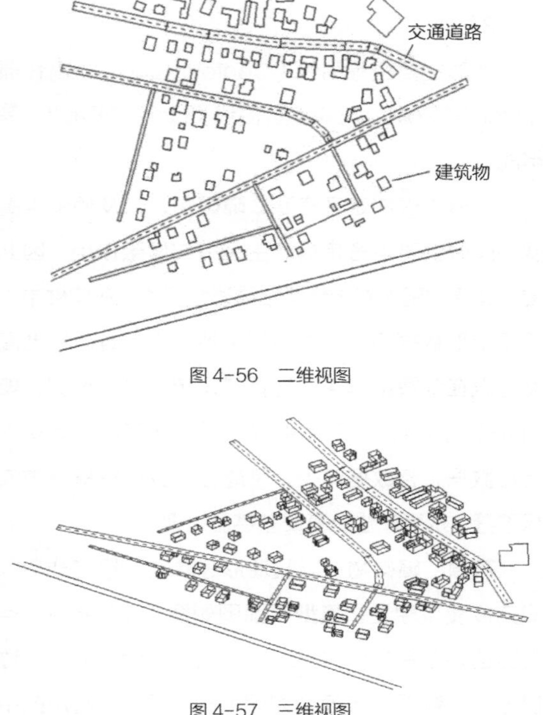

图4-56　二维视图

图4-57　三维视图

图4-58　“3D-Special”视图

4. 实验报告要求

实验报告应包含以下内容：

（1）导入图形原文件及尺寸图（以m为单位）；

（2）声源定义类型（如公路、铁路或其他声源）、地形数据，以及设置截图；

（3）模型平面图及某一声源及障碍物视角的三维图。

5. 思考题

若输入地形数据过少将会对预测结果噪声分布产生何种影响？为什么？

4.9 实验三十四　交通噪声预测及分析（二）：区域噪声评价

1. 实验目的

了解区域噪声评价指标，掌握交通噪声影响下的建筑物噪声评价方法。

2. 实验原理

根据《声环境质量标准》GB 3096—2008中规定，各类功能区噪声限值规定如表4-4所示。

按区域的使用功能特点和环境质量要求，声环境功能区分为以下5种类型。

（1）0类声环境功能区：指康复疗养区等特别

需要安静的区域。

表 4-4 环境噪声限值 单位：dB（A）

声环境功能区类别		时段	
		昼间	夜间
0 类		50	40
1 类		55	45
2 类		60	50
3 类		65	55
4 类	4 a 类	70	55
	4 b 类	70	60

（2）1 类声环境功能区：指以居民住宅、医疗卫生、文化教育、科研设计、行政办公为主要功能，需要保持安静的区域。

（3）2 类声环境功能区：指以商业金融、集市贸易为主要功能，或者居住、商业、工业混杂，需要维护住宅安静的区域。

（4）3 类声环境功能区：指以工业生产、仓储物流为主要功能，需要防止工业噪声对周围环境产生严重影响的区域。

（5）4 类声环境功能区：指交通干线两侧一定距离之内，需要防止交通噪声对周围环境产生严重影响的区域，包括 4 a 类和 4 b 类两种类型［4 a 类为高速公路、一级公路、二级公路、城市快速路、城市主干路、城市次干路、城市轨道交通（地面段）、内河航道两侧区域；4 b 类为铁路干线两侧区域］。

通过对目标建筑物噪声值的计算来评价该建筑物噪声限值是否符合表 4-4 内所述对各类声环境功能区的规定。

3. 实验步骤

计算之前，首先对声源（道路）、建筑物，以及接收点进行设置。基本参数设定完成后，对计算进行设定，点击“计算”便可查看相关结果。具体设置如下：

1）道路源设置

按照需要对道路源进行参数设置，包括道路横断面尺寸（SCS），声源辐射估算方式（车流量、精确记录数据或直接设置源强），限速（汽车及卡车），路面情况及多重反射。

2）建筑物设置

设置建筑名称、吸声及高度（除在模型中直接设置外也可按照 CAD 软件中的标注直接导入），如图 4-59 所示。

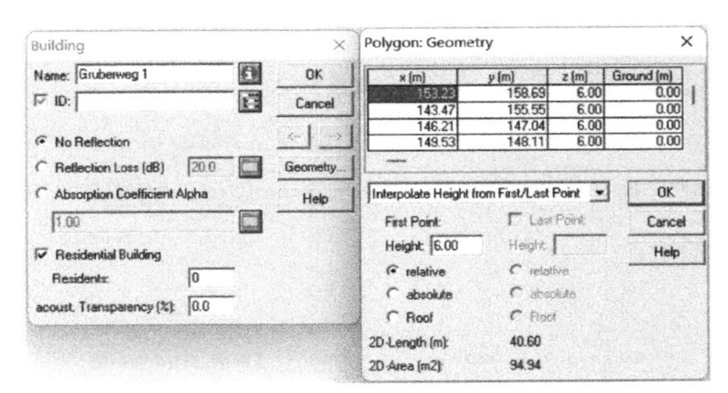

图 4-59 建筑物设置

3）计算域设置

在模型中点击“Calculation Area”选择需要计算的区域进行计算。

4）网格设置

点击菜单栏中的格点，选择“性质”后会弹出接收点网格设置栏。在设置界面中可以通过横向（dx）和纵向（dy）设置网格间距，设置距离越小，则计算点越多，结果展示的图形也就更加光滑，计算相对也更加精确，如图 4-60 所示。

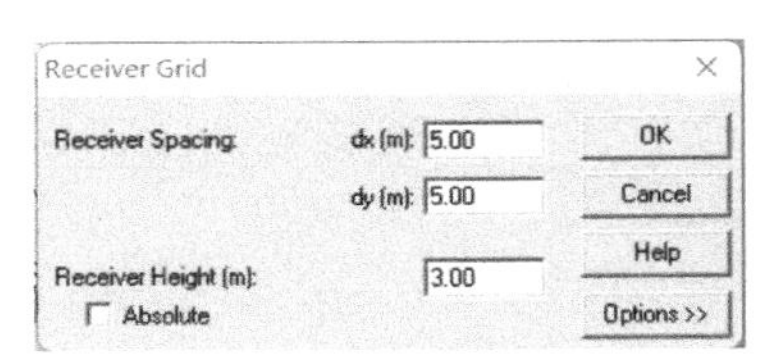

图 4-60 网格设置

5）计算设置

点击在菜单栏中计算，选择“设定”。点击

计算配置界面中“Ref. Time”设置参考时间：将 6：00—22：00 设置为白天（Day，D），22：00 至次日 6：00 设置为夜间（Night，N），如图 4-61 所示；点击界面中的“Ground Abs.”设置地面吸收（一般情况，草地及耕地等设置为 1，硬地面为 0），如图 4-62 所示；点击界面中的“Country”可选择计算依据标准，如图 4-63 所示。

6）结果显示

选择菜单栏中格点，点击“网格计算”对模型进行计算。计算完成后将以声压级等值线的形式在计算区域中显示，如图 4-64 所示。

此外，也可在三维空间查看区域噪声的分布情况，并且可根据需要对显示进行调整，如图 4-65 所示。

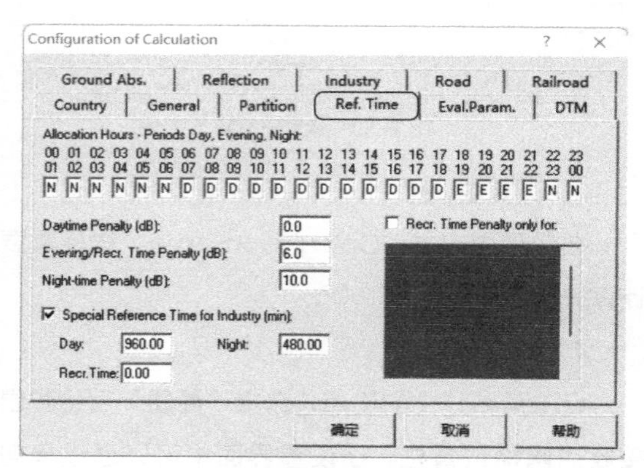

图 4-61 参考时间设置

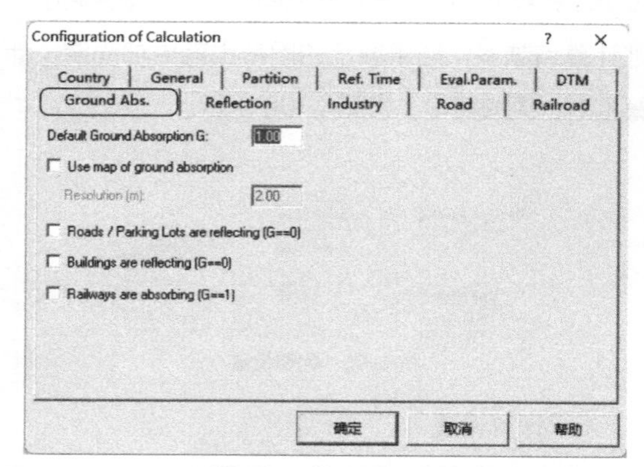

图 4-62 地面吸收设置

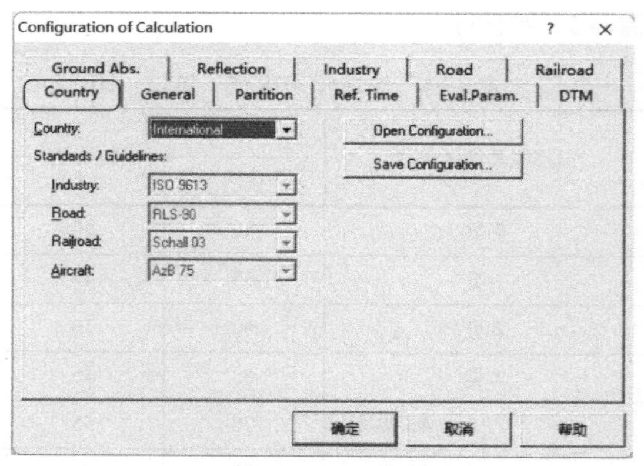

图 4-63 标准设置

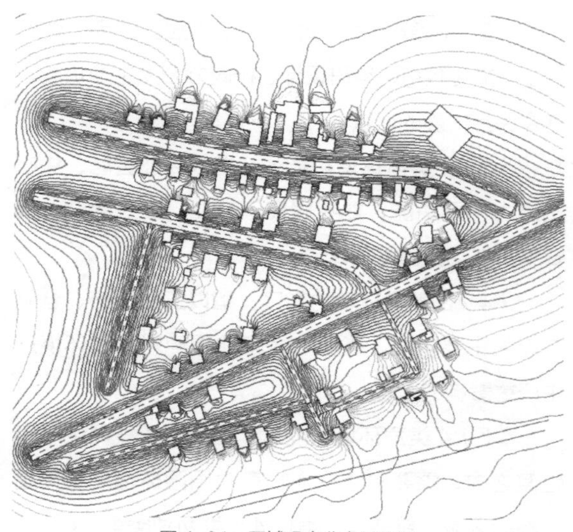

图 4-64 区域噪声分布平面图

图 4-65 区域噪声分布图

7）建筑物噪声评价设置

如图 4-66 所示，点击工具栏中噪声评价符号按钮并设置于目标建筑物上。点击菜单栏中的“计算”

按钮，可得图中所示的噪声源在该建筑表面的分布情况。

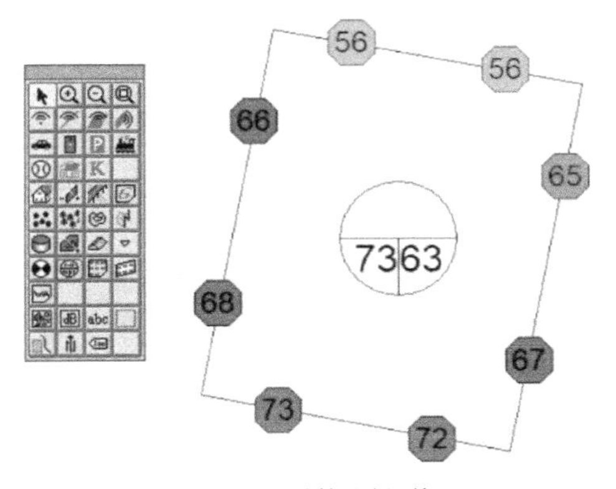

图 4-66　建筑噪声评价
注：评价符号中左边和右边数值分别为白天和夜间的最大噪声值，dB（A）

此外，目标建筑的评价结果查看方式为：点击菜单栏中“表格”，选择“其他物件—建筑物音量评估”按钮，结果如图 4-67 所示。

4. 实验报告要求

实验报告应包含以下内容：

（1）以图表形式给出目标建筑物噪声评价结果；

（2）交通道路，以及目标建筑物的具体参数；

（3）给出交通道路影响区域噪声分布图（包括二维及三维）。

5. 思考题

在对目标建筑噪声级评价中，影响结果准确度的原因有哪些？

Name	M.	ID	Level		Excess Levels		Land Use			Coordinates			Floor Height		Round up
			Day	Night	From	To	Type	Auto	Noise Type	X	Y	Z	EG	OG-OG	
			(dBA)	(dBA)	Floor	Floor				(m)	(m)	(m)	(m)	(m)	
E1			73.9	63.7				x	Roads	109.99	469.10	5.00	2.50	2.80	0.1000
E2			73.2	63.0				x	Roads	132.60	464.20	5.00	2.50	2.80	0.1000
E3			72.8	62.6				x	Roads	162.79	461.77	5.00	2.50	2.80	0.1000
E4			72.8	62.6				x	Roads	153.73	481.98	0.00	2.50	2.80	0.1000
E5			72.8	62.6				x	Roads	154.85	478.64	0.00	2.50	2.80	0.1000
E6			69.3	59.1				x	Roads	190.42	468.53	5.00	2.50	2.80	0.1000
E7			73.3	63.1				x	Roads	221.89	454.09	5.00	2.50	2.80	0.1000
E8			70.7	60.5				x	Roads	236.89	459.09	5.00	2.50	2.80	0.1000
E9			71.5	61.3				x	Roads	251.48	454.92	5.00	2.50	2.80	0.1000
E10			71.5	61.3				x	Roads	253.98	475.55	5.00	2.50	2.80	0.1000
E11			71.4	61.1				x	Roads	125.01	424.50	0.00	2.50	2.80	0.1000
E12			71.6	61.4				x	Roads	148.14	421.17	5.00	2.50	2.80	0.1000
E13			71.9	61.6				x	Roads	168.14	417.42	5.00	2.50	2.80	0.1000
E14			72.0	61.8				x	Roads	190.43	414.29	5.00	2.50	2.80	0.1000
E15			72.1	61.9				x	Roads	211.89	412.63	5.00	2.50	2.80	0.1000
E16			72.1	61.9				x	Roads	226.65	410.98	5.00	2.50	2.80	0.1000
E17			72.1	61.9				x	Roads	246.86	408.49	5.00	2.50	2.80	0.1000

图 4-67　目标建筑物噪声级评价表

Appendix: Introduction to Acoustic Experimental Instruments and Equipment

附录 部分声学实验仪器及设备简介

1. 传声器

1）传声器分类

传声器是一种将声信号转换为电信号的换能器件。传声器按换能原理类型可以分为电动式（如动圈传声器）、电容式（如电容传声器及驻极体传声器）和压电式（如压电传声器）等。常使用的传声器（按直径）包括 1/4 英寸传声器和 1/2 英寸传声器，如附图 -1 所示。

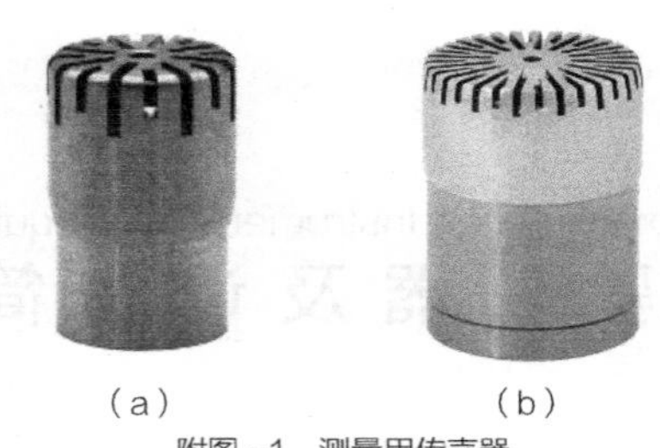

（a）（b）

附图 -1 测量用传声器

（a）1/4 英寸，北京声望 MP451，精度 1 型；

（b）1/2 英寸，北京声望 MP231，精度 1 型

2）传声器结构及工作原理

声学测量过程中多使用电容式传声器，该种传声器具有高灵敏度、频率响应宽而平直、稳定性好的特点，其结构示意图如附图 -2 所示。在声波扰动下，由于振膜与后极板的距离发生变化，固定电极（后极板）和膜片（振膜）构成的电容产生阻抗改变，引起输出电位的变化。经过耦合电容，将电位变化的信号输入到前置放大器，阻抗匹配后通过电缆输入到数据采集仪中。

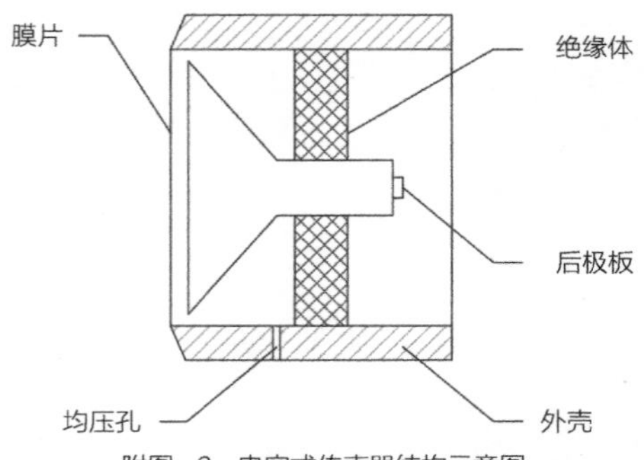

附图 -2 电容式传声器结构示意图

3）主要性能参数

（1）灵敏度

传声器灵敏度是指传声器输出电压与该传声器所受声压之比，常以符号 M 表示，单位为 V/Pa。

（2）频率响应

传声器频率响应是指在恒定电压和规定入射角声波的作用下，各频率正弦信号的开路输出电压与规定频率（通常为 1000 Hz）的开路输出电压之比，用分贝（dB）表示。

（3）指向特性

传声器灵敏度随声波入射方向变化的特性，称为灵敏度指向特性。

（4）输出阻抗

从传声器输出端测得的内阻抗模值即为传声器输出阻抗，简称为传声阻抗。

除上述参数外，还包括传声器的噪声级，最大声压级和动态范围，以及传声器的稳定度等。

2. 声校准器

声校准器是一种当耦合到规定型号和结构的传声器上时，能产生规定声压级和规定频率的正弦声压的装置。声校准器通常包括 94 dB 和 114 dB 两个挡位。声校准器按其精度及使用范围可分为 LS 级（实验室标准）、1 级和 2 级。

1）B&K4231 声校准器

附图 -3 中为丹麦 B&K 公司生产的 4231 型声校准器，其主要被用于声级计和其他声学测量仪器的校准，符合 LS 级及 1 级的声校准器规定。主要技术指标见附表 -1。

2）CA111 声校准器

附图 -4 为北京声望声电技术有限公司生产的 CA111 型声校准器，其主要被用于声级计和其他声学测量仪器的校准，符合 1 级的声校准器规定。主要技术指标见附表 -2。

附图 -3　B&K4231 声校准器

附表 -1　B&K4231 声校准器主要技术参数表

技术参数	描述
等级	1 级
校准声压级	94 dB±0.2 dB（参考 20 μPa） 114 dB±0.2 dB（参考 20 μPa）
校准频率	1000 Hz
适用传声器	1 英寸（不含转接头）及 1/2 英寸（使用转接头）、1/4 英寸（使用转接头）

附图 -4　CA111 声校准器

附表 -2　CA111 声校准器主要技术参数表

技术参数	描述
等级	1 级
校准声压级	94 dB±0.3 dB（参考 20 μPa） 114 dB±0.3 dB（参考 20 μPa）
校准频率	1000 Hz
适用传声器	1/2 英寸（不含转接头）及 1/4 英寸（使用转接头）

3. 声源

声源种类包括通用声源、无指向声源、撞击声源等。建筑声学测量中，如混响时间测量、材料吸声系数测量，以及建筑构件空气声隔声测量等多使用无指向声源，如附图 -5 所示，对于厅堂、会议室等音质测量中，会使用到具有一定指向的声源，如附图 -6 所示。电声测量中，使用人工嘴（或嘴模拟器）作为声源，用于测试话筒或其他传声器装置，也用作耳机和麦克风近场测试的精确参考源，如附图 -7 所示。对楼板撞击声隔声性能进行测量和评价时，使用撞击器作为声源，如附图 -8 所示。

1）OS003A 无指向声源

OS003A 无指向声源由 12 个扬声器采用串并联的组合方式安装在一个十二面体的类球形构架上。

该型号无指向性声源可用于多种声学测量环境当中，如建筑声学材料性能测量，声屏障插入损失现场测量（需人工声源情况），消声器消声量现场测量（需人工声源情况）等。主要技术指标见附表 -3。

附图 -5　OS003A 无指向声源

附表 -3　OS003A 无指向性声源主要技术参数表

技术参数	描述
额定阻抗	6 Ω
额定功率	250 W（持续）
频率范围	125 Hz～12.5 kHz
声功率级	120 dB（粉红噪声）
音频接口	Speakon
扬声器单元	铷磁铁扬声器（4 英寸直径，8 Ω，30 W）

2）TalkBox

TalkBox 是由 NTi Audio 恩缇艾音频设备技术（苏州）有限公司生产的一款多用途声源及信号发生设备。其可作为广播系统语言传输指数测量时的声学信号发生器，也可被用于电话会议或其他音频系统的电平调整。此外，TalkBox 还附带了多种测试信号，可根据实际测试需要进行使用，如附图 -6 所示。主要技术指标见附表 -4。

附图 -6　TalkBox

附表 -4　TalkBox 主要技术参数表

技术参数	描述
线输出	XLR，平衡 1000 Ω，非平衡 50 Ω 最大输出电平：+18 dBu
线输入	XLR，平衡 38 kΩ 最大输入电平：+18 dBu XLR 输入至扬声器的内部延迟：59 ms STIPA（轴向）
声学平坦度	典型＜±0.5 dB@24℃ 典型＜±1.0 dB@10～30℃
声学输出电平	STIPA：60 dBA@1m±0.5 dB， 依据 IEC 60268–16 STIPA 灵敏度变化：−0.07 dB/℃（平衡）
电源	10～18 V 直流，10 W 外置开关电源（宽压 100～240 V）

3）AM581 人工嘴

AM581 人工嘴可用于精确模拟人嘴部附近声场的声源，其适用于电话送话器和传声器（麦克风）的频响、失真等声学参数指标测试，如附图 -7 所示，主要技术参数见附表 -5。

附图 -7　AM581 人工嘴

附表 -5　AM581 人工嘴主要技术参数表

技术参数	描述
额定阻抗	4 Ω
额定功率	10 W（持续）
频率范围	100 Hz～10 kHz
失真	94 dB SPL，25 mmMRP 位置处， 200 Hz～10 kHz 低于 0.1%
接口	BNC

4）TM004C 撞击器

TM004C 撞击器是由北京声望声电技术有限公司生产，用于建筑楼板撞击声隔声性能的实验室和现场测量（附图 -8）。TM004C 撞击器带有 5 个呈直线排列的加硬不锈钢重锤，每个重锤为 500 g，锤头直径 30 mm，撞击面曲率 500 mm，相邻两个重锤间距 100 mm。主要技术参数见附表 -6。

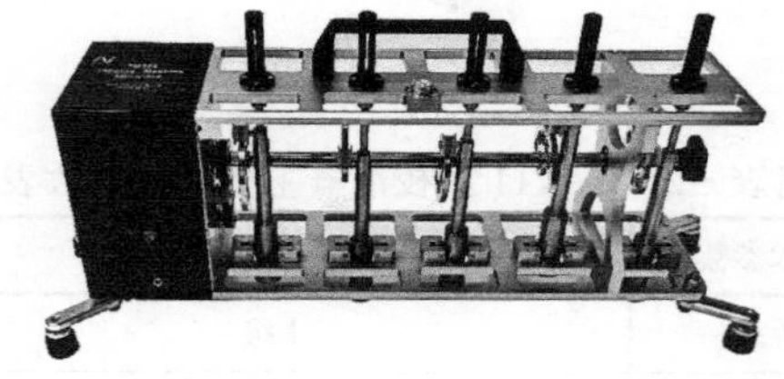

附图 -8　TM004C 撞击器

附表 -6　TM004C 撞击器主要技术参数表

技术参数	描述
重锤	5 个呈直线排列的不锈钢重锤， 每个重锤为 500 g±6 g，下落方向误差 ±0.5°
撞击频率	两锤相继撞击间隔（100±20）ms，两锤平均撞击间隔（100±5）ms，重锤撞击和提起之间时间小于 80 ms，撞击顺序 1、3、5、2、4 循环

续表

技术参数	描述
下落高度	40 mm，重锤可下降到支脚水平面以下 4 mm
供电	24 VDC/2 A
操作环境	温度：−10～50℃，湿度：0～90%*RH*

续表

技术参数	描述
总功率效率	73%～80%（50 WRMS～300 WRMS）
输入接口	XLR（平衡）和 BNC（非平衡）
输出接口	Peakon 插座和 4 mm 香蕉插座

4. 功率放大器

功率放大器简称为功放，其主要作用是给负载（如扬声器）提供足够的电力驱动。其性能参数主要包括频率响应，以及有效频率范围、总谐波失真、输出功率等。

1）PA300 功率放大器

PA300 功率放大器是由北京声望声电技术有限公司生产的测量用功率放大器，属于 D 类（数字）放大器（附图 −9）。主要应用于声学测量驱动中等功率声源，如无指向性声源、低频或中高频体积加速度声源，以及平面声源等。主要技术参数见附表 −7。

附图 −9　PA300 功率放大器

附表 −7　PA300 功率放大器主要技术参数表

技术参数	描述
类型	D 类
最大输出功率	295 WRMS（4 Ω），130 WRMS（8 Ω）
频率响应	20 Hz～20 kHz，1 W： ＋0.5 dB～−0.5 dB（4 Ω）， ＋0.2 dB～−0.5 dB（8 Ω） 20 Hz～20 kHz，80% 峰值功率： ＋0.05 dB～−0.15 dB（4 Ω）， ＋0 dB～−0.25 dB（8 Ω）
失真（THD＋N）	1 kHz，1 WRMS：0.018%（4 Ω），0.019%（8 Ω）； 1 kHz，100% 峰值功率：≤1%（4 Ω）， ≤1%（8 Ω）

2）PA50 功率放大器

PA50 功率放大器是由北京声望声电技术有限公司生产的测量用功率放大器，属于 AB 类放大器，如附图 −10 所示。其主要被用于阻抗管测量系统当中，也可用于振动和通用目的测量中。主要技术参数见附表 −8。

附图 −10　PA50 功率放大器

附表 −8　PA50 功率放大器主要技术参数表

技术参数	描述
类型	AB 类
最大输出功率	4 Ω：50 WRMS，8 Ω：25 WRMS
频率响应	10 Hz～20 kHz（＋0 dB～−0.5 dB，8 Ω，20 WRMS）
失真（THD＋N）	0.012%
输出噪声	58 μV_{RMS}（A 计权）
输入接口	BNC
输出接口	4 mm 香蕉插座

3）B&K2735 功率放大器

B&K2735 功率放大器是由丹麦 B&K 公司生产的测量用功率放大器，如附图 −11 所示。其常被用于阻抗管测量系统、电声测量，以及通用目的测量当中。主要技术参数见附表 −9。

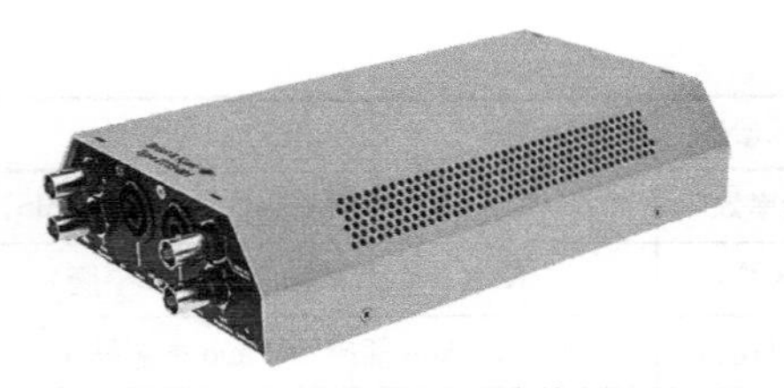

附图 -11 B&K2735 功率放大器

附表 -9 B&K2735 功率放大器主要技术参数表

技术参数	描述
类型	AB 类
最大输出功率	4 Ω：45 W，8 Ω：25 WRMS
频率响应	20 Hz～20 kHz（±0.5 dB，4 Ω，1 W）
失真（THD＋N）	0.01%
输出噪声	40 μV_{RMS}（A 计权）
输入接口	BNC
输出接口	Peakon 及 Neutrik 插座

5. 多通道数据采集仪

多通道数据采集仪是指可以多个通道同时进行声学测试分析的仪器，其与一系列软件相结合后可以进行多种声学参数的测量和分析。多通道数据采集仪由传声器、前置放大器、信号输入模块、信号处理模块和显示等模块组成，部分采集仪还包含信号输出模块。

1）MC3242 四通道数据采集仪

MC3242 四通道数据采集仪是由北京声望声电技术有限公司生产的多通道数据采集仪，如附图 -12 所示。其结合测量软件可实现建筑声学测量（如混响时间测量、材料吸声系数测量、建筑构件隔声量测量等）、环境噪声测量，以及声品质分析等。主要技术参数见附表 -10。

附图 -12 MC3242 四通道数据采集仪

附表 -10 MC3242 四通道数据采集仪主要技术参数

技术参数	描述
输入及输出通道	输入：4，输出：2
输入及输出接口	BNC
A/D 位数	24 位
输入频响范围	2 Hz～20 kHz（±0.5 dB）
输出频响范围	4 Hz～31.5 kHz（±0.5 dB）
采样率	输入：51.2 kHz，输出：8/16/32/44.1/48/96 kHz

2）DH5922D 三十二通道数据采集仪

DH5922D 三十二通道数据采集仪主要用于基于声压或声强测量的大型传声器阵列（如 16/32/64 通道的平面或球面声阵列等），如附图 -13 所示。其结合测量软件及大型声阵列，可实现声源定位和近场声全息测量，主要技术参数见附表 -11。

附图 -13 DH5922D 三十二通道数据采集仪

附表 -11 DH5922D 三十二通道数据采集仪主要技术参数

技术参数	描述
输入通道	32
输入接口	DB 接插线
A/D 位数	24 位
输入频响范围	DC～100 kHz（＋0.5 dB～－3 dB）（50 kHz 平坦）
输出频响范围	0.1 Hz～20 kHz（±0.5 dB）
采样率	输入：256 kHz

3）B&K3160 四通道数据采集仪

B&K3160 四通道数据采集仪是由丹麦 B&K 公

司生产的多用途数据采集仪，如附图 -14 所示。其结合测量软件，可用于建筑声学测量、电声测量、阻抗管测量系统等。主要技术参数见附表 -12。

附图 -14　B&K3160 四通道数据采集仪

附表 -12　B&K3160 四通道数据采集仪主要技术参数

技术参数	描述
输入及输出通道	输入：4，输出：2
输入及输出接口	输入：BNC，输出：BNC
A/D 位数	24 位
输入频响范围	DC ~ 51.2 kHz
输出频响范围	0.1 Hz ~ 20 kHz（±0.1 dB）
采样率	输入：262 kHz

4）FX100 音频分析仪

FX100 音频分析仪是由 NTi Audio 恩缇艾音频设备技术（苏州）有限公司生产的一款多用途音频分析设备，如附图 -15 所示。其结合 RT-Speaker 扬声器测量软件可以实现针对扬声器的多种参数检测，包括频率响应、失真 THD、阻抗响应、共振频率、灵敏度、扬声器极性、异音检测、直流电阻等；结合 RT-Microphone 麦克风测量软件可以实现对麦克风的参数检测，包括频率响应、灵敏度、失真、信噪比（S/N）、声音瑕疵、指向性和极性图等。此外，FX100 音频分析仪结合 FX-Control 音频分析仪控制软件，可以直接操作音频分析仪的所有功能。主要技术参数见附表 -13。

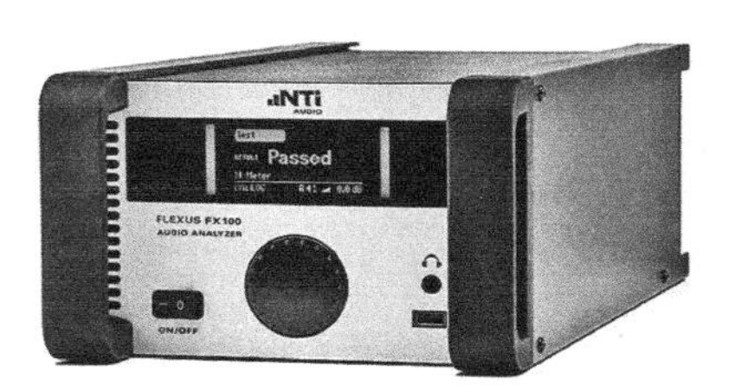

附图 -15　FX100 音频分析仪

附表 -13　FX100 音频分析仪主要技术参数

技术参数	描述
输入及输出通道	输入：2/4，输出：2/4
输入及输出接口	XLR/BNC/ 接线柱
A/D 位数	24 位
输入频响范围	DC ~ 80 kHz
输出频响范围	5 Hz ~ 80 kHz
采样率	输入：192 kHz，输出：48 kHz

6. 声级计

声级计是一种按照特定时间计权和频率计权测量噪声值的设备，按电路组成方式声级计可以分为模拟声级计和数字声级计两种；按体积大小可以分为台式声级计、便携式声级计和袖珍声级计；按用途可以分为一般声级计、积分声级计、脉冲声级计、噪声暴露计、统计声级计、频谱声级计等。根据数据精度及频率响应范围的不同，声级计可分为 1 级和 2 级两种。

1）工作原理

声级计一般由传声器、放大器、衰减器、计权滤波器、检波器、指示器，以及电源等部分组成，工作原理方框图如附图 -16 所示。电容式传声器将被测声信号转换成电信号，经前置放大器阻抗变换后，经过放大和衰减，再经频率计权和滤波，由检波电路（通常为对数有效值检波电路）将交流信号转换为直流信号，经 A/D 转换和数据处理电路，一方面由数字显示器显示声压级测量结果，另一方面将测量数据送给数据存储电路。

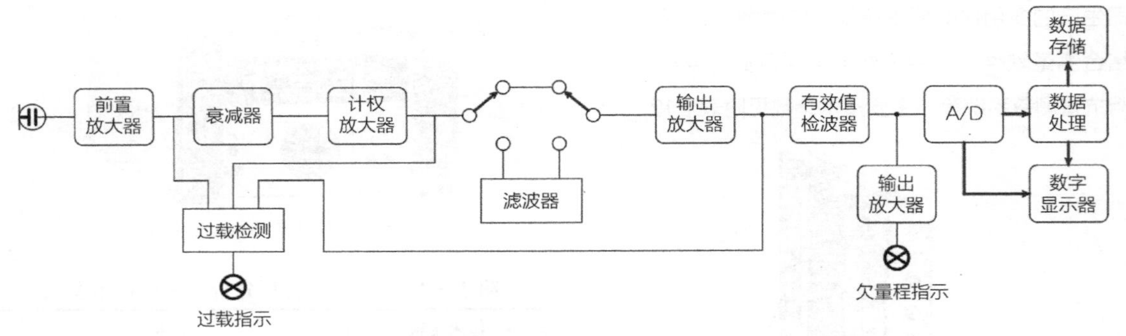

附图 -16 声级计工作原理图

2）BSWA308 声级计

BSWA308 声级计是由北京声望声电技术有限公司生产的通用声级计（附图 -17），符合标准《电声学 声级计 第 1 部分：规范》GB/T 3785.1—2023/IEC 61672-1：2013。包括 1/1 倍频程和 1/3 倍频程功能，支持 A、B、C、Z 频率计权和 Fast、Slow、Impulse 时间计权。其可被用于常规噪声测量、环境噪声评价、产品噪声测试、厂界噪声评估等，主要技术参数见附表 -14。

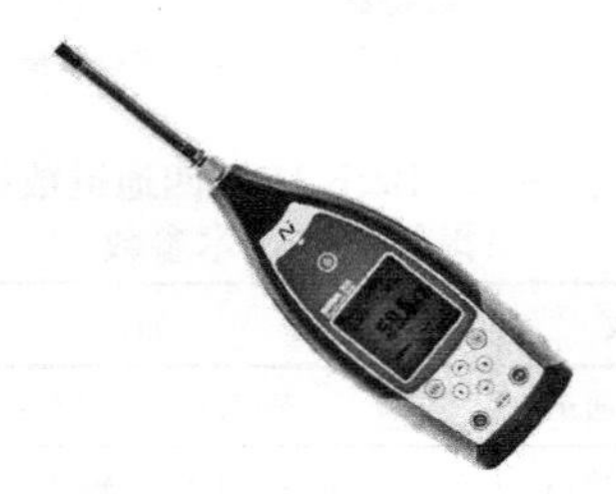

附图 -17 BSWA308 声级计
（精度 1 级）

附表 -14 BSWA308 声级计主要技术参数表

技术参数	描述
等级	1 级
标配传声器	1/2 英寸预极化测量传声器、1 级，灵敏度 40 mV/Pa，频响范围 3 Hz～20 kHz
传声器接口	TNC 接口，带 ICCP 供电（4 mA/24 V）
检波器、滤波器	全浮点数字信号处理（数字检波、数字滤波）
测量功能	XY(SPL)、LXeq、LXYSD、LXSEL、LXE、LXYmax、LXYmin、LXPeak、LXN； 其中 X 为频率计权 A、B、C、Z；Y 为时间计权 F、S、I；N 为统计百分比 1～99 任意设置
积分时间	1 s～24 h 自定义积分时间，重复次数无限或 1～9999
24 小时自动测量	自动测量、支持连续数据（SWN）存储和当前数据（CSD）存储
频率计权	并行 A、B、C、Z（也可作用于 1/1 和 1/3 倍频程）
时间计权	并行 Fast、Solw、Impulse，以及 Peak
频程	实时 1/1 倍频程：8 Hz～16 kHz；实时 1/3 倍频程：6.3 Hz～20 kHz
本机噪声	声信号：19 dB(A)、25 dB(C)、31 dB(Z)；电信号：12 dB(A)、17 dB(C)、22 dB(Z)
测量上限	146 dB(A)；可扩展至 170 dB(A)（5 mV/Pa 传声器）
频响范围	10 Hz～20 kHz
线性范围	22 dB(A)～146 dB(A) 可定制 170 dB(A) 倍频程：30 dB～136 dB

续表

技术参数	描述
动态范围	123 dB(A) [13 dB(A) ～ 136 dB(A)]
Peak C 范围	47 dB(A) ～ 139 dB(A)
量程	单一量程，无需换挡
A/D 位数	24 位
采样率	48 kHz
噪声曲线	噪声时域曲线显示，显示时间：1 min、2 min、10 min 可选
屏幕显示	分辨率 160×160，白色背光 LCD，对比度 14 级可调
存储	标配 32 G MicroSD 卡（TF 卡），可外接移动硬盘
后处理软件	使用 VA-SLM 读取存储文件，进行后处理分析，并生成报告
数据导出	可通过 USB 口连接计算机并读取存储卡中数据文件（虚拟 U 盘）
输出	交流（最大输出 5 Vrms，±15 mA）、直流（10 mV/dB，最大输出 15 mA），RS-232 串行接口，USB 虚拟串口
报警	用户自定报警限值，LED 指示报警状态
供电	4 节 1.5 V 五号碱性电池（LR6/AA/AM3），可外接充电宝支持长时间检测，也可外接直流供电（7 V ～ 14 V 500 mA）或 USB 供电（5 V1 A）
实时时钟	出厂已校准，30 d 误差小于 26 s（＜0.001%，25℃ ±16℃），内置后备电池，更换电池时钟无需重新设定，可 GPS 授时（GPS 为选购件）
固件升级	用户可通过 USB 接口自行升级固件
操作环境	温度 −10 ～ 60℃，湿度 20% ～ 90%*RH*
温度测量	主屏实时显示机内温度
尺寸（mm）	*W*70×*H*300×*D*36
重量	约 620 g（含 4 节碱性电池）
GPS	接收器类型：50 通道；定位时间：冷启动 27 s，温启动 27 s，热启动 1 s；灵敏度：跟踪 −161 dBm，捕获 −160 dBm，冷启动 −147 dBm，热启动 −156 dBm；更新频率：1 Hz，定位精度：2.5 m，授时精度：30 ns，速度精度：0.1 m/s；工作环境：运动加速度不大于 4 *g*，海拔低于 50 000 m，速度低于 500 m/s
声校准器	CA111，1 级，94 dB/114 dB，1 kHz

3）B&K2250 型手持式多功能分析仪

B&K2250 型手持式多功能分析仪是由丹麦 B&K 公司生产的第四代产品（附图 −18），既具有通用声级计的功能，也可被用于混响时间测量、声振信号 FFT 分析、单通道建筑声学测量、声强和声功率测量、产品质量控制、1/3 倍频程音调评估、响度和噪声额定值测量等，主要技术参数见附表 −15。

附图 −18　B&K2250 型手持式多功能分析仪（精度 1 级）

附表 -15　B&K2250 型手持式多功能分析仪主要技术参数表

技术参数	描述
等级	1 级
标配传声器	1/2 英寸预极化测量传声器、1 级，灵敏度 50 mV/Pa，频响范围 3 Hz～20 kHz
传声器接口	10-pin LEMO
测量功能	统计 LXFN1-7 或 LXSN1-7 分别基于每 10 ms 的采样 LXF 或 LXS，130 dB 的宽度为 0.2 dB；统计 LXN1-7 基于每秒采样 LXeq，130 dB 的宽度为 0.2 dB 随测量保存的完全分布情况 Std.Dev.（标准偏差）参数从这些统计数据计算
积分时间	1 s～24 h
24 小时自动测量	共计 10 台定时器，允许事先设置多达 1 个月的测量开始时间；每台定时器可以重复。测量完成时被自动存储
频率计权	A、B、C、Z
时间计权	Fast、Slow、Impulse
频程	1/1 倍频程、1/3 倍频程
本机噪声	声信号：14.6 dB(A)、13.5 dB(C)、15.3 dB(Z) 电信号：12.4 dB(A)、12.9 dB(C)、18.3 dB(Z)
宽带频率范围	3 Hz～29 kHz
频响范围	1/1 倍频程：8 Hz～16 kHz 1/3 倍频程：6.3 Hz～20 kHz
动态范围	从典型噪声基底到最大电平，1 kHz 纯音信号，16.6 dB(A)～140 dB(A)
主指示器范围	23.5 dB(A)～122.3 dB(A)
线性范围	21.4 dB(A)～140.8 dB(A)
线性工作范围	1 kHz：24.8 dB(A)～139.7 dB(A)
峰值 C 范围	1 kHz：42.3 dB(A)～142.7 dB(A)
测量显示	SLM：测量数据显示为各种大小的数字和一个拟模拟栏测量数据显示为 dB 值，内务数据显示为相应格式的数字瞬时测量值 LXF 显示为拟模拟栏
注释	声音注释：可以为测量添加声音注释，以便将口头评注与测量一并存储； 回放：可以使用连接至耳机插口的耳机收听声音注释回放； 文本注释：可以为测量添加文本注释，以便将书面评注与测量一并存储； GPS 注释：可添加带有 GPS 信息的文本注释（纬度、精度、海拔和位置错误），需要连接 GPS 接收器
USB 接口	USB2.0（即插即用）Micro-AB 插口和 USB2.0 标准 A 插口 （支持用于主机名称 IP 地址自动更新的 DynDNS）
调制解调器接口	可在 USB 插口上连接 PLC 打印机、Mobile Pro Spectrum 热敏打印机或 Seiko DPU S245/S445 热敏打印机
安全数字插口	2×SD 插口连接 SD 和 SDHC 存储卡
后处理软件	可使用软件读取存储文件，进行后处理分析

续表

技术参数	描述
数据管理	元数据：每个项目可以设置多达 10 个元数据注释
	项目模板：定义显示和测量设置；设置可锁定并用密码保护
	项目：与项目模板一并存储的测量数据
	作业：项目被整理分入作业；浏览器工具，方便管理数据（复制、剪切、粘贴、删除、重命名、查看数据、打开项目、创建作业、设置默认项目名称）
报警	在满足报警条件时发送 SMS 或电子邮件
电压及电流要求	8～24 VDC，纹波电压小于 20 mV，最小 1.5 A，
电池组	锂离子充电电池（电压：3.7 V，容量：5200 mAh）
时钟	备份电池供电时钟，每 24 h 的漂移小于 0.45
操作环境	工作温度：−10～50℃（14～122 ℉），小于 0.1 dB 储存温度：−25～70℃（−13～158 ℉）
尺寸（mm）	$W93 \times H300 \times D50$
声校准器	B&K4231 声校准器，1 级，94 dB/114 dB，1 kHz

7. 阻抗管

阻抗管（或驻波管）可用于测量法向入射条件下声学材料的吸声系数、反射因数和表面声阻抗率或表面声导纳率，主要由试件管、声源、探管传声器、标尺等部分组成。试件管为平直、横截面均匀、管壁表面平滑刚硬且密实的管子，沿管壁布置有 2～4 个传声器安装孔。探管传声器通常使用 1/4 英寸传声器。按管径不同阻抗管一般包括大、中、小三种。

1）B&K4206 型阻抗管

B&K4206 型阻抗管是由丹麦 B&K 公司生产，阻抗管截面为圆形，如附图 -19 所示，包括大管（ϕ100 mm）、中管（ϕ60 mm）及小管（ϕ29 mm）三种规格，具体参数见附表 -16。

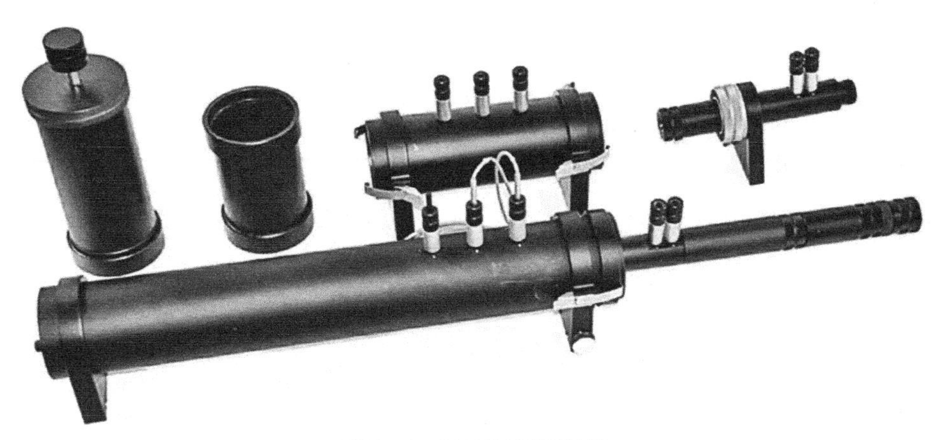

附图 -19　B&K4206 型阻抗管

附表 -16 B&K4206 型阻抗管参数表

<table>
<tr><th>型号</th><th>符合标准</th><th>测试频率范围</th><th>管径</th><th>传声器</th></tr>
<tr><td rowspan="2">B&K4206</td><td rowspan="2">ISO 10534-2、ASTM E1050-12</td><td>大管：50 Hz～1.6 kHz</td><td>100 mm</td><td rowspan="2">B&K4187</td></tr>
<tr><td>小管：500 Hz～6.4 kHz</td><td>29 mm</td></tr>
<tr><td>B&K4206-A</td><td>ASTM E1050-12</td><td>中管：100 Hz～3.2 kHz</td><td>60 mm</td><td>B&K4187</td></tr>
<tr><td rowspan="2">B&K4206-T</td><td rowspan="2">ASTM E2611-17</td><td>大管：50 Hz～1.6 kHz</td><td>100 mm</td><td rowspan="2">B&K4187</td></tr>
<tr><td>小管：500 Hz～6.4 kHz</td><td>29 mm</td></tr>
</table>

2）SW4000 型阻抗管

SW4000 型阻抗管是由北京声望声电技术有限公司生产，阻抗管截面为圆形，如附图 -20 所示，包括大管（ϕ100 mm）和小管（ϕ29 mm）两种规格，具体参数见附表 -17。

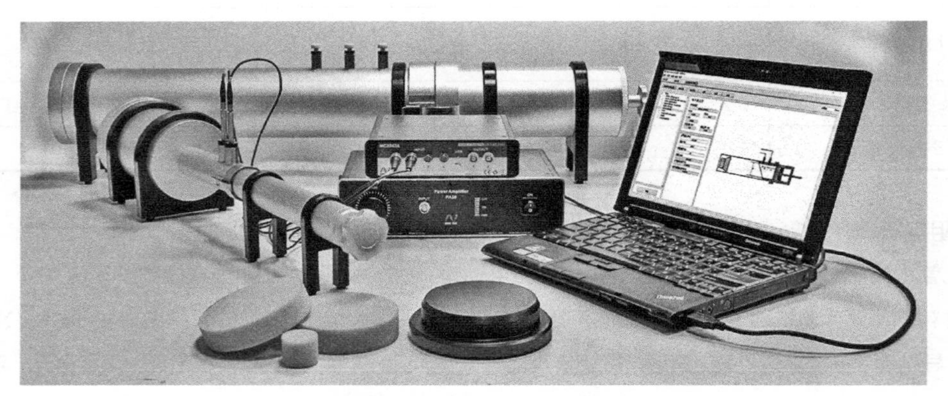

附图 -20 SW4000 型阻抗管

附表 -17 SW4000 型阻抗管参数表

<table>
<tr><th>型号</th><th>符合标准</th><th>测试频率范围</th><th>管径</th><th>传声器</th></tr>
<tr><td>SW4201</td><td rowspan="2">GB/T 18696.2—2002、JJG 188—2017、ISO 10534—2、ASTM E1050—12</td><td>50 Hz～1.6 kHz</td><td>100 mm</td><td>MPA416</td></tr>
<tr><td>SW4601</td><td>500 Hz～6.4 kHz</td><td>29 mm</td><td>MPA416</td></tr>
<tr><td>SW4221</td><td rowspan="2">GB/T 18696.2—2002、JJG 188—2017、ISO 10534-2、ASTM E1050-12、ASTM E2611-17</td><td>50 Hz～1.6 kHz</td><td>100 mm</td><td>MPA416</td></tr>
<tr><td>SW4661</td><td>500 Hz～6.4 kHz</td><td>29 mm</td><td>MPA416</td></tr>
</table>

参考文献 References

[1] 环境保护部，国家质量监督检验检疫总局. 声环境质量标准：GB 3096—2008[S]. 北京：中国环境科学出版社，2008.

[2] 国家市场监督管理总局，国家标准化管理委员会. 电声学 声级计 第1部分：规范：GB/T 3785.1—2023/IEC 61672-1：2013[S]. 北京：中国标准出版社，2023.

[3] 国家质量监督检验检疫总局，国家标准化管理委员会. 声学 建筑和建筑构件隔声测量 第3部分：建筑构件空气声隔声的实验室测量：GB/T 19889.3—2005/ISO 140-3：1995[S]. 北京：中国标准出版社，2005.

[4] 国家市场监督管理总局，国家标准化管理委员会. 声学 建筑和建筑构件隔声测量 第7部分：撞击声隔声的现场测量：GB/T 19889. 7—2022[S]. 北京：中国标准出版社，2022.

[5] 国家环境保护总局. 声屏障声学设计和测量规范：HJ/T 90—2004[S]. 北京：中国环境科学出版社，2004.

[6] 国家质量监督检验检疫总局，国家标准化管理委员会. 声学 消声器现场测量：GB/T 19512—2004/ISO 11820：1996[S]. 北京：中国标准出版社，2005.

[7] 国家市场监督管理总局，国家标准化管理委员会. 声学 环境噪声的描述、测量与评价 第1部分：基本参量与评价方法：GB/T 3222.1—2022/ISO 1996-1：2016[S]. 北京：中国标准出版社，2023.

[8] 国家市场监督管理总局，国家标准化管理委员会. 声学 声压法测定噪声源声功率级和声能量级 混响室精密法：GB/T 6881—2023/ISO 3741：2010[S]. 北京：中国标准出版社，2023.

[9] 国家质量监督检验检疫总局，国家标准化管理委员会. 声学 混响室吸声测量：GB/T 20247—2006/ISO 354：2003[S]. 北京：中国标准出版社，2006.

[10] 国家技术监督局. 声学名词术语：GB/T 3947—1996[S]. 北京：中国标准出版社，1997.

[11] 住房和城乡建设部，国家质量监督检验检疫总局. 民用建筑隔声设计规范：GB 50118—2010[S]. 北京：中国建筑工业出版社，2010.

[12] 国家质量监督检验检疫总局，国家标准化管理委员会. 声学 声压法测定噪声源声功率级和声能量级 消声室和半消声室精密法：GB/T 6882—2016/ISO 3745：2012[S]. 北京：中国标准出版社，2016.

[13] 国家技术监督局. 声学 关于空气噪声的测量及其对人影响的评价的标准的指南：GB/T 14259—1993[S]. 北京：中国标准出版社，1993.

[14] 国家质量监督检验检疫总局. 声学 阻抗管中吸声系数和声阻抗的测量 第2部分：传递函数法：GB/T 18696.2—2002[S]. 北京：中国标准出版社，2002.

[15] 建设部，国家质量监督检验检疫总局. 建筑隔声评价标准：GB/T 50121—2005[S]. 北京：中国建筑工业出版社，2005.

[16] 建设部，国家质量监督检验检疫总局. 剧场、电影院和多用途厅堂建筑声学设计规范: GB/T 50356—2005[S]. 北京：中国计划出版社，2005.

[17] 环境保护部. 环境影响评价技术导则 声环境：HJ 2. 4—2021[S]. 北京：中国环境出版社，2021.

[18] EVEREST F A, POHLMANN K C. Master Handbook of Acoustics[M]. 5th ed. New York: McGraw Hill, 2009.

[19] COX T J, ANTONIO P D. Acoustics Absorbers and Diffusers: Theory, Design and Application[M]. 2nd ed.Oxford: Taylor & Francis, 2009.

[20] DOWSON S. Sound Calibrators-new Revised Edition of IEC 60942[J]. Acoustics Bulletin, 2018, 43(2): 6-7.

[21] 国家质量监督检验检疫总局，国家标准化管理委员会. 声系统设备 第2部分：一般术语解释和计算方法：GB/T 12060.2—2011/IEC 60268-2：1987[S]. 北京：中国标准出版社，2011.

［22］国家质量监督检验检疫总局，国家标准化管理委员会. 声系统设备 第4部分：传声器测量方法：GB/T 12060.4—2012/IEC 60268-4：2004［S］. 北京：中国标准出版社，2012.
［23］国家质量监督检验检疫总局，国家标准化管理委员会. 声系统设备 第5部分：扬声器主要性能测试方法：GB/T 12060.5—2011/IEC 60268-5：2007［S］. 北京：中国标准出版社，2011.
［24］国家质量监督检验检疫总局，国家标准化管理委员会. 厅堂、体育场馆扩声系统设计规范：GB/T 28049—2011［S］. 北京：中国标准出版社，2011.
［25］国家质量监督检验检疫总局，国家标准化管理委员会. 厅堂扩声特性测量方法：GB/T 4959—2011［S］. 北京：中国标准出版社，2011.
［26］国家市场监督管理总局，国家标准化管理委员会. 无损检测 术语 超声检测：GB/T 12604.1—2020［S］. 北京：中国标准出版社，2020.
［27］国家市场监督管理总局. 超声探伤仪：JJG 746—2024［S］. 北京：中国计量出版社，2024.
［28］国家质量监督检验检疫总局. 多通道声分析仪校准规范：JJF 1288—2011［S］. 北京：中国计量出版社，2011.
［29］国家质量监督检验检疫总局. 建筑声学分析仪校准规范：JJF 1142—2006［S］. 北京：中国计量出版社，2006.
［30］国家市场监督管理总局. 声校准器：JJG 176—2022［S］. 北京：中国计量出版社，2022.
［31］国家质量监督检验检疫总局. 驻波管校准规范（驻波比法）：JJF 1223—2009［S］. 北京：中国计量出版社，2009.
［32］马大猷. 噪声与振动控制工程手册［M］. 北京：机械工业出版社，2002.
［33］杜功焕，朱哲民，龚秀芬. 声学基础［M］. 3版. 南京：南京大学出版社，2017.
［34］徐光泽. 电声原理与技术［M］. 北京：电子工业出版社，2007.
［35］高玉龙. 声学设计软件EASE及其应用［M］. 北京：国防工业出版社，2006.